南海西部在生产油气田化学工艺技术研究及实践

姜 平 主编

NANHAI XIBU ZAISHENGCHAN YOUQITIAN
HUAXUE GONGYI JISHU YANJIU JI SHIJIAN

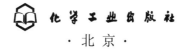

化学工业出版社

·北京·

本书主要针对南海西部油气田开发过程中面临的储层伤害、结垢、修井作业储层保护等问题，应用化学手段，开展攻关研究，详细介绍了近几年在化学解堵、钡锶垢的防治、修井过程中储层保护等方面取得的技术成果和典型案例。重点介绍了中低渗敏感性储层水侵伤害的治理、酸敏性储层伤害井的化学解堵工艺、复合解堵工艺攻关与应用、化学螯合除垢和地层挤注缓释防垢综合治理硫酸钡锶垢的先导性试验，适用于不同储层条件的修井液体系构建及应用。

本书内容丰富，通俗易懂，紧密结合实际，是面向油气田开发生产以及采油工艺的研究和方案实施管理人员、技术人员的综合性专著，也可作为相关专业高等院校学生参考用书。

图书在版编目（CIP）数据

南海西部在生产油气田化学工艺技术研究及实践 /
姜平主编. —北京：化学工业出版社，2019.10
ISBN 978-7-122-34916-3

Ⅰ.①南…　Ⅱ.①姜…　Ⅲ.①南海-海上油气田-油田化学　Ⅳ.①TE39

中国版本图书馆 CIP 数据核字（2019）第 147718 号

责任编辑：刘　军　冉海滢　张　赛　　　　装帧设计：王晓宇
责任校对：张雨彤

出版发行：化学工业出版社（北京市东城区青年湖南街 13 号　邮政编码 100011）
印　　装：中煤（北京）印务有限公司
710mm×1000mm 1/16 印张 14½ 字数 226 千字　2019 年 11 月北京第 1 版第 1 次印刷

购书咨询：010-64518888　　　　　　　售后服务：010-64518899
网　　址：http://www.cip.com.cn
凡购买本书，如有缺损质量问题，本社销售中心负责调换。

定　　价：128.00 元　　　　　　　　　　　　版权所有　违者必究

前言

本书主要针对南海西部油气田开发过程所面临的难题，深入开展机理性研究，紧密结合储层物性和敏感性特征，应用化学手段，在化学解堵、钡锶垢的防治、修井作业储层保护等方面开展攻关研究，构建了适用于中低渗敏感性储层水侵伤害治理等 7 套解堵液体系；基本建立覆盖南海西部在生产油气田主力储层 6 类修井液体系；开展化学螯合除垢和地层挤注缓释防垢综合治理硫酸钡锶垢先导性试验并取得突破；逐步形成了特色工艺和治理手段。

本书共分 5 章，第 1 章绪论，主要介绍了南海西部油气田基本情况、开发中面临的主要问题及化学工艺研究及应用概况；第 2 章介绍了南海西部油气田储层伤害机理研究情况；第 3 章阐述了化学解堵工艺的研究与应用情况；第 4 章重点介绍了南海西部油田特色硫酸钡锶垢综合治理技术；第 5 章论述了动管柱修井作业过程中储层保护技术。

笔者多年来一直从事海上油气田开发工作，在近 20 年理论研究与实践的基础上，结合南海西部典型油田开发实践和案例编纂本书，具有一定的理论意义与实用价值，可为类似条件油气田深度挖潜、经济高效地开发提供借鉴与参考。

在本书的编写过程中参考了国内外成功经验和案例，尽力做到完美。另外，梁玉凯、宋吉锋、陈霄、李彦闯、程利民、梁薛成等同志也参与部分章节的编写以及有关资料的整理工作，在此一并表示感谢。

限于笔者水平，书中一些观点、方法或认识上可能有一定局限性，敬请广大读者批评指正！

编者

2019 年 5 月

目录

第 **1** 章

绪论

1.1 南海西部油田概述

　　南海西部油田主要负责南海海域石油天然气的勘探、开发和生产业务，基地设在广东省湛江市。作业范围包括北部湾、莺歌海、琼东南、珠江口西部四个盆地，是中国海洋石油工业的发祥地。1957 年，首次在莺歌海发现油气苗；1964 年，首次钻探了中国海上第一口石油探井；1986 年涠洲 10-3 油田生产出第一桶油，南海西部油田已累计为国家贡献原油 8100 万吨，天然气 1030 亿立方米。目前，南海西部拥有 32 个海上油气田，43 座各类采油平台，4 个海上油气陆岸处理终端，2 艘 FPSO（浮式生产储卸油装置），2 个万吨级后勤支持码头。2008~2017 年，油气产量已连续十年超过 1000 万立方米，是中国海上最大天然气生产区、第二大能源基地，位列全国油田前十名。

　　近几年来，南海西部油田创新高温超压、深水天然气成藏理论，突破了关键技术，取得了一系列突破。成功发现了我国首个深水自营高产大气田陵水 17-2，验证了中国海油对南海深水油气分布的规律性认识，检验了深水钻井、测试、项目管理能力，使得我国海洋石油工业"大跨步"进入超深水时代，实现了我国深水油气资源探勘开发从无到有、从有到精的蜕变，标志着我国已基本掌握全套深水钻井、测试及管理要素。

技术的创新与突破，有力提升了深水高温高压油气勘探开发能力，照亮了建设南海大气区的梦想。南海西部油田建设南海大气区，是要把已探明的崖城、东方、陵水、乐东等海上气田串联，将"宝石串成项链"，建成一条连接整个华南地区的南海海上天然气输送大动脉，最大限度开发南海天然气资源。南海大气区建成后，将进一步满足我国华南和港澳地区的工业和民生用气，加大天然气清洁能源供给力度，对改善我国生态环境、优化能源结构、促进经济社会发展具有重要意义。

1.2　南海西部油田地质油藏概况

1.2.1　涠洲油田群地质油藏概况

1.2.1.1　地质简况

涠西南凹陷地层发育较齐全，从上到下依次为：望楼港组、灯角楼组、角尾组、下洋组、涠洲组和流沙港组。其中，主力油组为涠洲组和流沙港组。

涠洲组主力油层分布在涠二段和涠三段。涠二段储层岩石类型以岩屑石英砂岩为主，石英平均含量为72.6%，岩屑平均含量19.7%，长石平均含量为7.7%，储层泥质含量较低。涠三段储层岩石以细砂岩为主，岩石类型多为岩屑石英砂岩，部分为长石岩屑石英砂岩。泥质含量平均5.4%，胶结物含量平均4.0%。颗粒以点状接触为主，孔隙类型以粒间孔和粒间溶孔为主，少部分粒内溶孔。孔隙发育，连通性好。胶结类型以孔隙式胶结为主。

流沙港组主力油层分布在流一段和流三段。流一段岩石类型以长石石英砂岩为主，其次为长石砂岩。泥质含量在0.50%～11.44%之间。粗砂岩分选差和差到中，中砂岩分选中和差到中，细砂岩分选中和中到差。流三段以长石石英砂岩、石英砂岩为主，少量长石岩屑石英砂岩、岩屑石英砂岩，陆源碎屑总量都在75%以上。胶结物含量低，平均在6%以下，尤其是$L_3Ⅲ$油组，平均在1%以下，总体上泥质含量较低，表明储层砂岩成分成熟度中等偏高。

1.2.1.2　油藏简况

涠二段属中孔中渗储层，储层有效孔隙度分布范围在 12.6%～26.3%，主峰区间在 17%～21% 之间，平均孔隙度为 20.7%。渗透率分布范围在 7.1～878.4mD，主峰区间在 10～320mD 之间，其平均渗透率为 118.4mD。

涠三段属高孔、高渗储层，岩心平均孔隙度 25.3%，平均渗透率 646mD，孔隙度和渗透率分布集中。测井解释平均孔隙度 28.0%，平均渗透率 1516mD，平面上物性变化不大。沉积相及成岩作用是影响储层物性的主要因素，储层物性受砂岩粒级、分选以及填隙物的影响尤为明显，岩性粗、分选好、填隙物少，储层物性好。储层物性明显随深度的增加而降低。

涠洲组油藏具有正常的压力系统，地层压力系数在 0.97～1.012 之间，地温梯度为 3.34℃/100m。

流一段储层为中孔中、低渗储层，岩心孔隙度与渗透率的相关性较好。流一段有效储层物性横向变化不大，但纵向上由深至浅储层物性变好，除 L_1Ⅰ油组孔隙度 19%～26% 间变化，渗透率高达数千毫达西，为高孔高渗储层。L_1Ⅱ$_上$、L_1Ⅱ$_下$、L_1Ⅳ$_上$、L_1Ⅳ$_下$油组孔隙度 15%～19% 之间，渗透率 11～265mD 之间变化。流一段油藏具有正常的压力系统，地层压力系数在 1.01～1.03 之间，地温梯度为 3.82℃/100m。

流三段储层属中孔、中低渗储层，储层有效孔隙度通常在 12% 以上，主峰在 14%～20% 之间，平均为 17.5%，渗透率频率分布范围较宽，主峰在 82～164mD 之间，平均为 133.5mD。储层孔隙度与渗透率之间存在明显的半对数关系。储层受断层及沉积作用的影响，部分油藏为异常高压压力系统，压力系数的范围在 1.1～1.45 之间。流三段油藏有一定的边水驱动能力，但受断层的封隔，水体作用有限，一般采用注水开发。该油藏溶解气油比高，具有较大的溶解气膨胀能，因此驱动类型以注入水驱，其次为溶解气驱。

1.2.2　文昌油田群储层地质油藏概况

1.2.2.1　地质简况

文昌油田群已开发油田均生产珠江组和珠海组。珠江组主要开发 ZJ1-1L、ZJ1-3U、ZJ1-4U、ZJ1-4M、ZJ1-6、ZJ1-7U、ZJ1-7L、ZJ2-1U 油组，珠海组开发 ZH1-1、ZH1-2、ZH1-3、ZH1-4、ZH1-6、ZH1-7、ZH2-1、ZH2-3、ZH2-4、ZH2-6 油组。

　　珠江组储层岩石类型以石英砂岩、长石石英砂岩为主，其次为岩屑长石石英砂岩，粒级以中砂岩、细砂岩为主，分选中等，颗粒支撑，点状接触，胶结类型以孔隙型和弱胶结为主，孔隙类型主要以原生粒间孔为主，少量溶蚀粒间孔和粒内溶蚀孔。

　　珠海组岩性以细粒石英砂岩和长石石英砂岩为主，石英含量 70% 左右，长石占 10% 左右。岩性较均一，分选中至好，多呈次棱状呈次园状。颗粒以点、线接触为主，黏土杂基含量 0.5%～6%，以伊利石为主，胶结物中见方解石、铁方解石、白云石、铁白云石、菱铁矿、绿泥石等，含量 0.5%～4%，胶结类型多为孔隙和接触～无胶结物，孔隙主要以粒间孔为主。

1.2.2.2　油藏简况

　　珠江组一段上部（ZJ1-1、ZJ1-2、ZJ1-3 油组）为高孔、中低渗储层，岩心平均孔隙度 25.6%～29.5%，平均渗透率 19.3～57.9mD；珠江一段中下部（ZJ1-4～ZJ1-7 油组）为高孔、高渗储层，平均为 29.6%～31.5%，渗透率平均为 200.6～1478.0mD，珠江组二段（ZJ2-1U、ZJ2-1L、ZJ2-2U、ZJ2-2L 油组）为潮汐滨海相，储层主要砂坪多为高孔、中高渗储层。珠江组油藏具有正常的压力系统，地层压力系数在 0.974～1.030 之间，地温梯度为 5.4℃/100m。

　　珠江组地面原油密度 0.756～0.915g/cm³，黏度 0.65～51.91mPa·s，含蜡量 2.21%～6.84%，硅胶质 0.61%～8.73%，沥青质 0.14%～5.49%，凝固点 22℃。地层水水型以 $CaCl_2$ 型为主，其次为 Na_2SO_4 和 $NaHCO_3$ 型，地层水矿化度 35240mg/L。

　　珠海组为中高孔、中低渗储层，平均孔隙度为 25.1%，平均渗透率为 363.39mD。其中主力油组 ZH2-1 油组分为 1U、1L 两套砂层，砂层间被厚度不等的泥岩层隔开，油层则主要分布在 1U 砂层，其厚度 70.86m，油层厚度 51.48m，孔隙度 23.2%，含油饱和度 62.4%，渗透率 350.3mD。1L砂层平均厚度 50m 左右，油层平均厚度 19.8m，孔隙度 20.8%，含油饱和度 63.6%，渗透率 210.3mD。珠海组油藏具有正常的压力系统，地层压力系数在 0.997～1.03 之间，地温梯度为 3.4℃/100m。

　　珠海组地面原油密度 0.856～0.867g/cm³，黏度 7.08～19.50mPa·s，含蜡量 2.35%～18.67%，硅胶质 4.29%～12.90%，沥青质 1.89%～5.30%，凝固点 30℃～34℃。地层水水型以 $NaHCO_3$ 型、$CaCl_2$ 型为主，地

层水矿化度 31479mg/L。

1.2.3　崖城 13-1 气田储层地质油藏概况

1.2.3.1　地质简况

崖城 13-1 气田是一个孔渗特性良好、储量丰度大、产能高、具有统一气水界面的层状边水大型整装气田。

气田主要储层为陵三段（LS3）砂岩，上部次要产层为陵二段（WB1）及三亚组（WA）砂岩。崖城 13-1 气田含气厚度高达 426.7m，为具有统一气水界面的层状边水气藏，气藏分为 10 个小层，其下部小层连通差，而中上部连通情况好。

陵三段砂岩为辫状河三角洲沉积，主要发育有水下分流河道和河口坝等沉积微相。资料统计结果表明气田产层平均孔隙度 12.9%，平均渗透率 370mD，平均含气饱和度 67.9%。

陵二段为典型的潮坪-海湾沉积，陵二段砂体成因类型有潮汐水道、障壁砂、冲溢扇及砂坪与滨岸砂，而已钻遇含气砂体为潮汐水道与障壁砂坝沉积，且主要为潮汐水道砂。储层物性属中孔低渗，岩心分析统计平均孔隙度为 8.6%，平均渗透率为 19.8 mD，平均含气饱和度 52.6%。

1.2.3.2　气藏简况

崖城 13-1 气藏埋藏深度在 3800m 左右，气藏中部温度为 170～180℃，地温梯度为 0.0398℃/m。气田储层压力在 6.30～21.88MPa；压力系数在 0.17～0.56，A3 和 A5 井压力系数最低只有 0.17。据此计算压井时对气层造成的最大正压差约 33MPa。

天然气组分均以甲烷为主，陵三段气藏甲烷占 85.12%，C_2 以上组分含量较低，约占 5.36%，CO_2 含量 8.33%，N_2 含量约为 0.94%，天然气相对密度为 0.684。南北两块气体性质略有差异，北块 CO_2 含量相对较高，为 9.90%，C_2 以上组分含量低，为 3.34%，南块 CO_2 含量低，为 6.77%，C_2 以上组分含量相对较高，为 7.9%。陵二段 WB1 砂体天然气性质与陵三段气藏相似。三亚组 WA 砂体天然气含烃量达 91.7%，CO_2 含量平均 7.1%。

陵三段气藏南北两块的凝析油有不同特点，相对密度北高南低：北块 0.846，南块 0.794；含蜡量北高南低：北块 9.76%，南块 2.40%；凝析油含量北低南高：北块小于 30g/m^3，南块小于 60 g/m^3。陵二段 WB1 气藏凝析油性质与陵三段气藏相似。三亚组 WA 气藏凝析油相对密度 0.840～

0.861，比陵三段气藏略高；含蜡量 5.68％～7.71％，介于陵三段气藏南北块之间。

崖城 13-1 气田陵三段水型为碳酸氢钠型，总矿化度在 19000mg/L 左右。崖城 13-1 气田产出凝析水矿化度较低，仅 1771mg/L。

1.2.4　东方 1-1 气田储层地质油藏概况

1.2.4.1　地质简况

东方 1-1 气田为浅层气藏，属上第三系莺歌海组地层，以极细粒石英砂岩为主。划分为Ⅰ、Ⅱ、Ⅲ、Ⅳ、Ⅴ共 5 个气组，其中Ⅱ、Ⅲ气组又分别细分为Ⅱ$_上$、Ⅱ$_下$、Ⅲ$_上$、Ⅲ$_下$ 4 个亚气组。气层主要分布在Ⅰ、Ⅱ、Ⅲ$_上$气组。

东方 1-1 气田储层具有中高孔、中低渗的特点，全部岩心储层孔隙度分布范围为 15％～34％，中值 24％，渗透率分布范围为 0.3～640mD，中值 27mD。

孔喉类型以片状和弯状喉道为主，收缩喉道在部分储层中发育，喉道级别主要是细喉道以下类型，有效储层主流喉道一般大于 0.1465μm；保护应主要针对半径为 0.5859～4μm 的喉道。这种类型的喉道极易受到固相和水锁的损害。

1.2.4.2　气藏简况

东方 1-1 气田天然气中烃类以 CH$_4$ 为主，C$_2$ 以上组分含量较少（0.63％～2.61％），属干气。东方 1-1 气田 3、4、5、7、8、9 井在测试过程中均产出少量凝析油（小于 10g/m^3），其相对密度 0.77～0.81，凝析油地面黏度 0.63～1.0 mPa·s。地层水总矿化度在 32160～35487mg/L，氯根含量 17305 ～18152 mg/L，水型为 NaHCO$_3$ 型。

东方 1-1 气田Ⅰ、Ⅱ、Ⅲ气组属正常压力系统，原压力系数 1.03～1.14。随着生产开发，压力逐渐下降，压力系数在 0.4～0.8 之间，高碳井目前地层压力较高，高烃井地层压力较低。地温梯度高达 4.6℃/100m，生产层温度在 80～90℃。

东方 1-1 气田是一个由泥底辟背斜和断层控制为主的构造气田。Ⅰ气组局部具有很弱的边底水天然能量，属岩性气藏；Ⅱ气组属岩性构造气藏，边底水欠活跃，以弱边水驱动为主；Ⅲ$_上$气组属层状构造气藏，以弱边水驱动为主。

1.3　南海西部油田化学工艺技术综述

1.3.1　化学解堵工艺

储层伤害是储层在勘探开发生产过程中，因物理化学作用、水动力作用、热作用、机械作用，使油气层中的流体流向井筒的阻力变大的现象，其实质是储层流体在流向井底时阻力比未伤害时有所增加。

南海西部油气田油气并举，储层条件复杂多样，低渗、疏松、泥质含量高，存在微粒运移、强水锁、水敏伤害的潜质。储层伤害的原因多样：固相颗粒侵入、微粒运移、有机质析出、结垢等，各因素间相互影响、协同叠加，造成储层伤害的程度更加严重。不同储层污染主因不同：如北部湾盆地主力储层涠洲组、流沙港组潜在的强水敏、酸敏，且注（海）水开发，结垢、出砂等问题加剧储层伤害；文昌油田群主力油组珠江组、珠海组为海相沉积的砂岩储层，储层物性好，边底水能量充足，岩性以细砂岩、粉细砂岩为主，泥质含量高，存在一定的速敏，完井方式多采用筛管防砂完井，长水平井开发，微粒运移造成筛管及近井地带堵塞的情况较为严重。储层伤害井数多、影响产量大，据统计，截至 2017 年底，因储层伤害造成低产低效井约占分公司低产低效井总数 40% 以上，制约产量约 $1000\mathrm{m}^3/\mathrm{d}$。因此，亟需开展储层伤害井治理的攻关研究，解除污染伤害，释放产能，实现提质增效的目的。

储层伤害井的治理主要还是通过酸化、解堵、补孔、压裂等工艺措施。其中，酸化、解堵占到 75% 以上，是储层伤害井治理的主要手段。

近年来，酸化解堵工艺面临着三个方面的难题：

（1）储层伤害主要因素的分析，引起储层伤害的因素多且复杂叠加，表现出"1+1＞2"的特点，如何控制储层伤害的主要影响因素，这是酸化解堵面临的首要难题；

（2）酸敏性储层如何进行酸化解堵作业，造成酸敏的原因是什么，如何避免酸敏的发生；

（3）如何均匀布酸的问题，如文昌油田群非均质储层筛管完井长水平井中高含水期，酸化解堵时因布酸不均造成酸液沿高渗层进入，酸化解堵后含水跃升，增液不增油的问题突出。

为此，结合储层潜在伤害因素，在室内实验分析的基础上，明确了造成储层伤害的主要因素，并针对性构建解堵工作液体系，攻关重点目标靶区适用解堵工艺技术。逐步形成水侵伤害储层解堵、复合解堵、非酸性解堵、缓速清洁解堵等工艺。实现一套储层、一类伤害原因、一套解堵工艺液体系、一种解堵工艺。

1.3.2　硫酸钡锶垢防治工艺

涠洲油田群注海水开发区块属于油井结垢的重灾区，结垢类型为极难溶的硫酸钡锶。涠洲 12-1 油田、涠洲 11-1 油田、涠洲 11-1N、涠洲 6-9/6-10 油田均属于注海水开发油田，由于注入水与地层水不配伍再加之地层水自身的析出，导致油田结垢问题突出，严重影响油田的正常生产。以涠洲 12-1 油田为典型代表，其北、中块注水区问题表现尤其突出，其他注海水开发的区块也已出现结垢问题。地层一旦结垢极易导致地层堵塞，孔喉缩小，影响原油流动；井筒结垢使油管流道变小甚至堵死；井下电泵机组结垢易造成电泵过载、卡死；随生产带出油井的垢又增加了下游处理费用，同时对整个生产、处理流程上的设备也会造成损害。截至 2018 年，涠洲油田群已发现结垢井次多达 90 余次，结垢井作业时效平均延长 30%，单井作业成本增加超 200 万元，极大地增大作业难度和安全风险。同时，部分井因结垢问题未解决，无法恢复生产，保守估算每天制约原油产量 600m³，严重影响占北部湾产量过半的注海水油田的生产效益。

同时，硫酸钡锶垢性质极其稳定，酸碱不溶，同时结垢迅速，其防治工艺一直是国内外各大油田重点攻关的项目。硫酸钡锶垢的治理主要面临三方面的难题：

（1）硫酸钡锶垢结垢速度快，难以预防，部分井严重至一个月关停；

（2）硫酸钡锶垢致密坚硬，难以溶蚀，难以清除；

（3）硫酸钡锶垢遍及整个井筒，如何实现全井筒防垢。

湛江分公司经过近 10 年的研究、探索与实践，摸清了涠洲注海水开发油田难溶硫酸钡锶垢的结垢机理，并形成了有效防治硫酸钡锶垢的化学螯合除垢技术和地层挤注缓释防垢技术。化学螯合除垢技术利用螯合剂自身长链阴离子与溶液中的 Ba^{2+}、Sr^{2+} 等成垢阳离子结合形成较为稳定的可溶性螯合物，可有效解除近井地带及井筒的垢；同时配合地层挤注缓释防垢技术，将防垢剂挤注至近井地带，防垢剂可与岩石实现良好吸附，当生产井投产后，防垢剂缓慢解析或溶解于产出液中，从近井地带对硫酸钡锶垢进行有效拦截，进而将结垢离子带出井筒，预防井筒结垢问题的发生。目前，化学螯合除垢技术和地层挤注缓释防垢技术已累计应用 12 井次，综合除垢高达 700kg 以上，防垢高达 900kg 以上，防垢有效期高达 1 年，累计增油 4.5 万立方米。通过"除"＋"防"的协同配合，对结垢油井进行综合治理，有效解决了硫酸钡锶垢治理难题，从而保障了油井长期高效生产，为行业硫酸钡锶垢的治理提供借鉴。

1.3.3 修井作业储层保护工艺

海上油气田修井储保作为储层保护的一个分支，起步相对较晚，但伴随海上修井作业量日益增多，海上油气田修井储保重要性及存在问题逐渐凸显。

以南海西部油气田为例，截至 2012 年底，储层保护修井液多延用钻完井液体系。随着油气田开发的进行，储层的压力、流体的性质均发生较大的变化，钻完井液体系适用性较差，导致应用过程出现诸多问题，甚至影响整个区块的修井模式。例如，文昌油田高孔高渗储层修井过程漏失量大、成本高，修井液侵入造成储层渗透率降低、恢复周期长；涠洲油田群中低渗敏感储层"水锁＋水敏伤害"叠加，导致漏失后产量下降甚至关井；东方乐东气田低压气层修井漏失压死储层；崖城超低压气层因高温导致常规材料老化变性严重。据不完全统计，因储层保护不当导致修井后产能未恢复油井比例近 30％，油井产能恢复期长达 7 天，年损失原油近 10 万立方米，精细储层保护修井液技术体系亟待建立。

鉴于南海西部地质条件复杂，不同储层、不同修井作业类型需要针对性修井液体系。修井液技术体系建立面临 4 大技术难题：

（1）文昌疏松砂岩泥质含量高，见水后黏土易分散运移，高效储保工作液构建需兼顾储层保护、解除微粒运移伤害及降低成本，实现"储保＋增产"一体化；

（2）涠洲低渗敏感储层"水锁＋水敏伤害"突出，目前业内暂堵剂破胶率低且需要修井过程中专门下入一趟破胶管柱，目前南海西部修井工艺不符。因此，要求新型自降解暂堵液具有先封堵后自返排功能；

（3）东方乐东气田非均质性强，压力系数低，为避免修井漏失，需实现常规封堵材料层间孔隙封堵，并且满足二次防砂耐冲刷工程要求；

（4）崖城 13-1 气田井底温达到 180℃，压力系数低至 0.16，高温超低压对修井液提出耐老化、强封堵及易返排要求。除此以外，由于修井液行业起步晚，缺乏系统性，可借鉴经验少，无相关行业标准、专业评价装备，导致研究难度进一步加大。

为解决上述难题，湛江分公司组织多专业联合攻关，依托国家"十二五"、生产性科研项目，自主构建修井液技术研究、评价方法，大胆提出"免破胶"、"多功能储保增产"等技术理念，破解低渗敏感储层、高温低压技术壁垒。历经 5 年攻关及实践，形成了一套覆盖南海西部主力储层的修井液精细技术，成功解决了不同修井作业类型的储保难题。该技术包含文昌油田疏松砂岩"三位一体"多功能储保增产技术、涠洲油田群敏感储层免破胶自返排修井液技术、东方低压气井纳米封堵修井液技术、崖城高温超低压气井强封堵修井液技术 4 项核心内容，共计 6 套核心修井液体系，实现产能恢复率、产油恢复期及成本三大指标的突破。整套技术成果已在南海西部推广应用，截至目前已累计应用 100 余井次，为南海西部海域修井作业提供了有力的技术保障。

第2章

油气田储层伤害机理研究

　　储层伤害也叫储层污染，不同学者从不同角度进行了定义。Faruk Civan认为储层伤害是用来描述在油气井生产作业过程中由于各种不利作用所造成的含油渗透率的降低，从而造成油气系统生产潜能下降的现象；Bennion认为储层伤害是由于不可避免和不可控制的看不见的伤害导致储层产量不确定性下降的现象；樊世忠认为当打开储层时，由于储层内组分或外来组分与储层组分作用发生了物理、化学变化，而导致岩石及内部整体结构的调整并引起储层绝对渗透率降低的过程等。谢玉洪等认为储层伤害（储层损害）是储层在勘探开发生产过程中，因物理化学作用、水动力作用、热作用、机械作用，使油气层中的流体流向井筒的阻力变大的现象，其实质是储层流体在流向井底时阻力比未伤害时有所增加。

　　根据现场实际生产情况，储层伤害机理可分为钻完井过程、生产过程的储层伤害。工作液与储层流体及工作液间配伍性差而生成沉淀，工作液滤失造成水锁，固相侵入造成的基质、裂缝堵塞，均可能在钻完井过程中对储层造成伤害。注水开发油田的注入水配伍性问题导致结垢，回注污水的腐蚀、结垢、固相悬浮物堵塞，低渗储层水基修井液的水锁，高气油比生产油井的有机质沉积，高孔渗储层的微粒运移等，均可能在油田生产过程中出现。

油气井在勘探开发生产的各个环节都可能造成储层伤害，不仅影响油气的产出，还可能关系到油气层的发现，导致勘探开发出现决策失误，所以保护油气层是"增储上产"和提高采收率的关键之一。

由于地质油藏情况、开发开采方式的不同，南海西部各油气田的储层伤害特征各具特点，目标油田或存在一类或多类的储层伤害，明确储层伤害机理对于构建具有针对性的油田化学工作液体系，以及油田的稳产、增产至关重要，且可对类似油田的治理积累宝贵经验。为此，根据目标区块的地质油藏及生产特征，考虑钻完井、生产过程，采用室内实验研究及数值模拟评价，对储层伤害机理进行系统研究。

2.1　敏感性伤害

2.1.1　速敏伤害

速敏伤害是指在采油作业过程中，当流体在储层中流动时，由于流体流动速度变化引起地层微粒运移、堵塞孔隙喉道，造成储层岩石渗透率发生变化的现象。实践证明，微粒运移在各个作业环节中都可能发生，它主要取决于流体流动力的大小以及地层中原有的自由微粒和可自由运移的黏土颗粒。

由前期速敏研究结果（表 2-1）可知，WZ6-9 油田 $W_3 \mathbb{N}$ 具有无至中速敏伤害；WZ12-1 油田 $W_3 \mathbb{M}$ 油组具有无至弱速敏伤害；WZ11-1N 油田 L_1 $\mathbb{II}_上$ 具有中偏弱至强速敏伤害；WZ11-1N 油田 $L_1 \mathbb{II}_下$ 具有极强速敏伤害。

表 2-1　速敏测试结果

油田	油组	井深/m	临界流速/(mL/min)	速敏损害程度
WZ6-9	$W_3 \mathbb{N}$	2597.53	—	无
		2598.7	—	无
		2616.82	5	中
WZ12-1	$W_3 \mathbb{M}$	2682	1.75	无
		2689	2.14	弱

油田	油组	井深/m	临界流速/(mL/min)	速敏损害程度
WZ11-1N	L₁Ⅱ上	2133.20	0.1	强
		2134.53	1.5	中偏弱
	L₁Ⅱ下	2017.64	0.1	极强
		2018.36	0.25	极强

2.1.2　水敏伤害

水敏伤害是指较低矿化度的注入水进入储层引起黏土膨胀、分散、运移，使得渗流通道发生变化，导致储层岩石渗透率发生变化的现象。产生水敏的根本原因主要与储层中黏土矿物的特征有关，如蒙皂石、伊蒙混层矿物在接触到淡水时发生膨胀后体积增大，并且高岭石在接触到淡水时由于离子强度突变会扩散运移。

由前期水敏研究结果（表 2-2）可知，WZ6-9 油田 W₃Ⅳ 具有弱水敏伤害；WZ12-1 油田 W₃Ⅶ 油组具有中偏弱至中偏强水敏伤害、W₄Ⅰ 油组具有中偏弱至中偏强水敏伤害；WZ11-1N 油田 L₁Ⅱ上 具有弱至中偏弱水敏伤害；WZ11-1N 油田 L₁Ⅱ下 具有中偏弱至中偏强水敏伤害。

表 2-2　水敏测试结果

油田	油组	井深/m	水敏指数	水敏损害程度
WZ6-9	W₃Ⅳ	2616.82	39.8	弱
		2598.71	—	
		2597.53	—	
WZ12-1	W₃Ⅶ	2682	39.92	中偏弱
		2689	64.12	中偏强
	W₄Ⅰ	3263.66	65.18	中等偏强
		3277.46	36.00	中等偏弱
WZ11-1N	L₁Ⅱ上	2133.20	30.7	中等偏弱
		2134.53	29.9	弱
	L₁Ⅱ下	2017.64	60.9	中等偏强
		2018.36	32.4	中等偏弱

2.1.3　盐敏伤害

盐敏伤害是指一系列矿化度的注入水进入储层后引起黏土膨胀或分散、运移，使得储层渗透率发生变化的现象。储层产生盐敏的根本原因是储层黏土矿物对于注入水的成分、离子强度及离子类型很敏感。盐敏与水敏的伤害机理类似，如蒙皂石、伊蒙混层与低矿化度流体接触时发生膨胀，高岭石在接触到淡水时由于离子强度突变会扩散运移。但也有研究表明，高矿化度入井液引起渗透率降低现象，这是因为高矿化度的流体压缩黏土颗粒扩散双电子层厚度，造成颗粒失稳、剥落，堵塞孔隙喉道。

由前期盐敏研究结果（表 2-3）可知，WZ12-1 油田 W_3 Ⅶ油组具有中偏强盐敏伤害；WZ11-1N 油田 L_1 Ⅱ$_上$具有弱至强盐敏伤害；WZ11-1N 油田 L_1 Ⅱ$_下$具有中偏强至极强盐敏伤害。

表 2-3　盐敏测试结果

油田	油组	井深/m	渗透率损害程度/ %	盐敏损害程度
WZ12-1	W_3 Ⅶ	2682	55.1	中偏强
		2689	63.7	中偏强
WZ11-1N	L_1 Ⅱ$_上$	2134.53	30.7	弱
		2136.29	29.9	强
	L_1 Ⅱ$_下$	2017.64	90.5	极强
		2018.36	66.5	中偏强

2.1.4　酸敏伤害

酸敏是指酸液进入储层后与储层酸敏性矿物发生反应，产生沉淀或释放出微粒，使渗透率发生变化的现象。酸敏导致储层伤害形式分为两种，一是产生化学沉淀或凝胶，二是破坏岩石结构，产生或加剧流速敏感性。产生酸敏的因素很多，储层酸敏潜在因素有：

（1）储层含有绿泥石、菱铁矿、辉铁矿等含铁矿物较多，易形成含铁的氢氧化物沉淀，当 pH 升高时，铁离子会产生不溶的氢氧化物沉淀，堵塞孔隙喉道，使酸化效果降低；

（2）氟化物沉淀，土酸中 F^- 与 Ca^{2+}、Mg^{2+} 反应生成 CaF_2、MgF_2，同时石英可以和氢氟酸反应生成氢氟酸盐和水化硅胶，堵塞孔隙喉道，导致渗透率下降；

（3）酸化后的黏土微粒发生膨胀运移，也降低酸化效果。

由前期酸敏研究结果（表 2-4）可知，WZ12-1 油田 W_3 Ⅶ 油组具有中等至中偏强酸敏伤害；WZ11-1N 油田 L_1 Ⅱ $_上$ 具有无至弱酸敏伤害；WZ11-1N 油田 L_1 Ⅱ $_下$ 具有中偏弱至强酸敏伤害；WZ6-9 油田 W_3 Ⅳ 油组无酸敏。

表 2-4　酸敏测试结果

油田	油组	井深/m	渗透率损害程度/%	酸敏损害程度
WZ12-1	W_3 Ⅶ	2685	59	中偏强
		2705	31	中等
WZ11-1N	L_1 Ⅱ $_上$	2136.29	−6.09	无
		2137.40	14.8	弱
	L_1 Ⅱ $_下$	2015.68	90.5	中偏弱
		2017.64	66.5	强
WZ6-9	W_3 Ⅳ	2127.28	−9.4	无
		2133.20	−39.6	无

2.1.5　碱敏伤害

碱敏是指外来的碱性液体与储层中的矿物反应使其分散、脱落或者新沉淀或胶质堵塞孔隙喉道，造成渗透率变化现象。地层流体 pH 值一般在 4～9，如果进入储层的液体 pH 过高或过低，都会引起流体与储层的不配伍。常见的碱性矿物有隐晶质类石英、碳酸盐、黏土组分中的高岭石、蒙脱石等。碱敏伤害机理主要分为以下两个部分。

（1）碱性工作液诱发黏土矿物分散，造成结构失稳。黏土表面所带电荷分为两种：结构电荷和表面电荷，表面电荷一般是黏土矿物表面的化学变化造成，受介质 pH 值变化影响。在碱性介质中，黏土晶片相互排斥而分散。在流体作用下易产生运移堵塞孔喉。

（2）高 pH 值碱液对黏土矿物及石英、长石等矿物有溶解作用。高 pH 值（pH＞9）的碱液可与高岭石、石英发生溶解作用生成胶体或者沉淀。高 pH 值的碱液与长石在一定条件下发生水解，生成高岭石与石英，高岭石与石英又可与高 pH 碱液反应生成沉淀，这种矿物之间的循环反应，使得渗透率降低。

由前期碱敏研究结果（表 2-5）可知，WZ11-1N 油田 $L_1II_上$ 具有弱至强碱敏伤害；WZ11-1N 油田 $L_1II_下$ 具有中等至中偏强碱敏伤害；WZ6-9 油田 W_3IV 油组具有弱至中偏弱碱敏伤害。

表 2-5　碱敏测试结果

油田	油组	井深/m	渗透率损害程度/%	临界 pH	碱敏损害程度
WZ11-1N	$L_1II_上$	2134.53	28.4	6	弱
		2136.29	77	7.5	强
	$L_1II_下$	2017.64	69.3	6.0	中偏强
		2018.36	47.4	6.0	中
WZ6-9	W_3IV	2597.53	11.9	—	弱
		2598.71	32.2	6	中偏弱

2.2　水锁伤害

涠洲 12-1 油田中块 3 井区涠四段储层为中-低孔、中-特低渗储层，存在潜在的水锁伤害可能，其目标层位的生产油井采用水基修井液作业后，均出现了产量急剧下降甚至于无产出的现象。为此，以涠洲 12-1 油田中块三井区为目标区域，进行水锁伤害机理研究。

2.2.1　水锁伤害机理

在钻井中一打开储层，就会有工作液与储层接触，外来的水相侵入储层孔道后，就会在井壁周围孔道中形成水相堵塞，油-水或气-水弯曲界面上存在一个毛细管压力。要想让油气流向井筒，就必须克服这一附加的毛细管压力。若储集层能量不足以克服这一附加的毛细管压力，就不能把水的堵塞解除，最终影响储层的采收率，这种损害称为水锁伤害（水锁损害）。

水锁损害的损害机理主要有以下几个方面。

（1）热力学水锁效应　假设储层孔隙结构可视为毛细管束，按照 Laplace 公式，当驱动压力 P 与毛细管压力达到平衡时，储层中没有被水充满的毛细管半径 r 为：

$$r = \frac{2\sigma\cos\theta}{P} \tag{2-1}$$

式中　r——毛细管半径；

　　σ，θ——分别为界面张力和接触角。

按 Purcell 公式，气相渗透率 k 可以表示为：

$$k = \frac{\Phi}{2} \sum_{r}^{r_{max}} r_i s_i \tag{2-2}$$

式中　Φ——孔隙度，%；

　　r_i，s_i——分别为第 i 组毛细管的半径和体积系数；

　　r_{max}——最大孔喉半径。

由 (2-1) 式可见，液体的界面张力越大，r 越大；因此 (2-2) 式中求和下限越高，油相渗透率越低。由此可见，排液过程达到平衡时的水锁效应取决于外来流体和地层水表面张力的相对大小，若前者大于后者，则产生水锁效应；若两者相等则无水锁效应；若前者小于后者，不但无水锁效应而且会使油气增产。由于这是以排液过程中达到热力学平衡为前提的，所以就称作热力学水锁效应。

(2) 动力学水锁效应　根据 Paiseuille 定律，毛细管排出液柱的体积 Q 为：

$$Q = \frac{\pi r^4 \left(P - \dfrac{2\sigma\cos\theta}{r}\right)}{8\mu L} \tag{2-3}$$

式中　r——毛细管半径；

　　L——液柱长度；

　　P——驱动压力；

　　μ——外来流体的黏度。

若换算为线速度，则上式就变成：

$$\frac{\mathrm{d}L}{\mathrm{d}t} = \frac{\pi r^2 \left(P - \dfrac{2\sigma\cos\theta}{r}\right)}{8\mu L} \tag{2-4}$$

积分得出半径为 r 的毛细管中排出长度为 L 的液柱所需时间为：

$$t = \frac{4\mu L^2}{Pr^2 - 2r\sigma\cos\theta} \tag{2-5}$$

由此可以看出，毛细管半径 r 越小，排液时间越长，而且随着 L、μ 及 σ 的增加而增加，随着 P 及 r 的增加而减小。在低渗、低压的致密储层中，排液过程十分缓慢，即使外来流体在储层中的毛细管压力小于地层水在地层中的毛细管压力时，仍然会产生水锁效应。

低渗透储层具有低孔、低渗、强亲水、大比表面积的特征，在储层原始状态，原始含水饱和度一般低于束缚水饱和度。因此，储层一旦用水基工作液打开，毛细管力使地层吸水，这种吸水在负压差条件下照样进行，而在正压差下则加剧水侵深度。储层吸水达到束缚水饱和度为止，水量增加形成的水膜，使油气流道减小，甚至产生完全水锁。

2.2.2　水锁伤害评价

2.2.2.1　水锁伤害预测

本项目研究仍采用加拿大学者 D. B. Bennion 提出的水锁指数 APT_i 模型进行水锁伤害预测方法及结果见表2-6～表2-13。

$$APT_i = 0.25 \lg K_a + 2.2 S_{wi} \tag{2-6}$$

式中　APT_i——水锁指数；

　　　K_a——气体渗透率，D；

　　　S_{wi}——原始含水饱和度。

表 2-6　水锁伤害程度评价指标

水锁指数	伤害程度	水锁指数	伤害程度
$APT_i \leqslant 0.2$	极强	$0.6 < APT_i \leqslant 0.8$	中等偏弱
$0.2 < APT_i \leqslant 0.4$	强	$0.8 < APT_i \leqslant 1.0$	弱
$0.4 < APT_i \leqslant 0.6$	中等偏强	$APT_i > 1.0$	无

表 2-7　WZ12-1-A12b 井涠四段储层水锁伤害预测结果

井号	生产油组	井段/m		孔隙度/%	渗透率/mD	含水饱和度/%	储层类型	水锁指数 APTi	伤害程度
A12b	W₄ I	3352.2	3353	15.5	37.3	41.7	中孔低渗	0.560	中等偏强
		3356.8	3359.2	17.9	125	39.7	中孔中渗	0.648	中等偏弱
		3359.7	3362.2	17.3	92.4	43.7	中孔低渗	0.703	中等偏弱
		3379.3	3394.4	18.5	169.1	23	中孔中渗	0.313	强
		3394.4	3395	12.7	9.1	25.7	低孔低渗	0.055	极强
		3395	3404.3	17	79.5	23.4	中孔低渗	0.240	强
		3404.8	3409.7	16.3	55.9	23.7	中孔低渗	0.208	强
		3410.3	3411.4	12.6	8.7	26	低孔超低渗	0.057	极强
		3412.1	3413	13	10.6	26	低孔低渗	0.078	极强
		3413.5	3416.4	19.4	266	31.6	中孔中渗	0.551	中等偏强

表 2-8 WZ12-1-A2 井涠四段储层水锁伤害预测结果

井号	生产油组	井段/m		孔隙度/%	渗透率/mD	含水饱和度/%	储层类型	水锁指数 APTi	伤害程度
A2	W₄ I	3526.9	3531	16.4	58.8	31.1	中孔低渗	0.377	强
		3531	3532	14.6	23.7	30.3	低孔低渗	0.260	强
		3532	3535.1	17.9	125	27.7	中孔中渗	0.384	强
		3535.1	3538.1	17.3	92.4	30.4	中孔低渗	0.410	中等偏强
		3538.1	3541.5	20.9	565.9	31.6	中孔高渗	>1.0	无
		3562.2	3563.5	13.6	14.4	34.9	低孔低渗	0.307	强
		3563.5	3569.8	18.1	138.2	28.1	中孔中渗	0.403	中等偏强
		3569.8	3570.5	15.1	30.5	27.8	中孔低渗	0.233	强
		3570.5	3575.5	18	131.4	26.2	中孔中渗	0.356	强
		3575.5	3576.4	16.3	55.9	24.5	中孔低渗	0.226	强
		3576.4	3582.4	18.7	187	22.6	中孔中渗	0.315	强
		3582.4	3585	14.4	21.5	26.8	低孔低渗	0.173	极强
		3585	3586.7	15.3	33.8	28.1	中孔低渗	0.250	强
		3586.7	3587.6	17.5	102.2	26.3	中孔中渗	0.331	强
		3587.6	3589.8	15.8	43.4	28.1	中孔低渗	0.278	强
		3589.8	3591.2	18	131.4	27.7	中孔中渗	0.389	强
		3591.2	3592.3	14	17.5	32.8	低孔低渗	0.282	强
		3592.3	3594.1	17	79.5	35.3	中孔低渗	0.502	中等偏强
		3597.7	3603.5	17.6	107.5	31.1	中孔中渗	0.442	中等偏强
	W₄ III	3678.4	3685.9	22.9	1500	23.8	中孔高渗	>1.0	无
		3685.9	3686.7	14.4	21.5	30.1	低孔低渗	0.245	强
		3686.7	3688.9	22.2	1088.7	20.5	中孔高渗	>1.0	无
		3688.9	3691.2	18.5	169.1	22.5	中孔中渗	0.302	强
		3691.2	3691.7	15.8	43.4	23.8	中孔低渗	0.183	极强
		3691.7	3693.4	18.9	206.8	22.8	中孔中渗	0.330	强
		3693.4	3695.2	17.3	92.4	24.4	中孔低渗	0.278	强
		3695.2	3695.8	19.3	252.9	23.7	中孔中渗	0.372	强
		3695.8	3699.1	19.1	228.7	26.1	中孔中渗	0.414	中等偏强
		3699.1	3702.2	17.4	97.2	23.8	中孔低渗	0.271	强

表 2-9　WZ12-1-A18 井涠四段储层水锁伤害预测结果

井号	生产油组	井段/m		孔隙度/%	渗透率/mD	含水饱和度/%	储层类型	水锁指数 APTi	伤害程度
A18	W₄Ⅱ	3010	3025.3	17.1	83.6	37.6	中孔低渗	0.558	中等偏强
	W₄Ⅲ	3301.2	3306.9	14.4	21.5	39.7	低孔低渗	0.457	中等偏强
		3307.4	3311.2	15.5	37.3	38.6	中孔低渗	0.492	中等偏强
		3311.2	3313.5	13.4	13	44.8	低孔低渗	0.514	中等偏强
		3315.9	3320.7	13.4	13	42.7	低孔低渗	0.468	中等偏强
		3321.2	3323	12.7	9.1	38.2	低孔超低渗	0.330	强
		3323.5	3325	12.9	10.1	38.5	低孔低渗	0.348	强
		3325.7	3327	14.4	21.5	35.3	低孔低渗	0.360	强
		3327	3330.5	12.7	9.1	35.8	低孔超低渗	0.277	强
		3330.5	3332.1	12.3	7.5	30.7	低孔超低渗	0.144	极强

表 2-10　WZ12-1-A8 井涠四段储层水锁伤害预测结果

井号	生产油组	井段/m		孔隙度/%	渗透率/mD	含水饱和度/%	储层类型	水锁指数 APTi	伤害程度
A8	W₄Ⅰ	3573.4	3575.2	19.4	266	30.6	中孔中渗	0.529	中等偏强
		3575.2	3577.4	16.9	75.6	32.6	中孔低渗	0.437	中等偏强
		3577.4	3578.5	14.5	22.6	35.2	低孔低渗	0.363	强
		3578.5	3582.9	14.7	25	35	低孔低渗	0.369	强
		3582.9	3585	16.1	50.5	35.9	中孔低渗	0.466	中等偏强
		3597.1	3600.2	15.7	41.3	33.4	中孔低渗	0.389	中等偏强
		3613.5	3614.5	12.6	8.7	38.6	低孔低渗	0.334	强
		3615.9	3619.9	13.6	14.4	35.4	低孔低渗	0.318	强
		3620.6	3621.6	13.8	15.9	32.9	低孔低渗	0.274	强
		3621.6	3623.1	16.5	61.8	28.9	中孔低渗	0.334	强
		3625.9	3627.2	18.2	145.4	28.9	中孔中渗	0.426	中等偏强
		3627.2	3627.9	14.6	23.7	31	低孔低渗	0.276	强
		3627.9	3628.6	20.4	440	28.1	中孔中渗	0.529	中等偏强
		3628.6	3630	17.9	125	32.8	中孔中渗	0.496	中等偏强

续表

井号	生产油组	井段/m		孔隙度/%	渗透率/mD	含水饱和度/%	储层类型	水锁指数APTi	伤害程度
A8	W₄Ⅲ	3710	3717.2	16.4	58.8	30.1	中孔低渗	0.355	强
		3717.2	3718.4	20.3	418.4	28.7	中孔中渗	0.537	中等偏强
		3718.4	3719.9	17.1	83.6	32.4	中孔低渗	0.443	中等偏强
		3734.5	3736	17.1	83.6	32.8	中孔低渗	0.452	中等偏强
		3736.5	3739.7	14.6	23.7	34.4	低孔低渗	0.350	强
		3739.7	3740.5	13.9	16.7	45.3	低孔低渗	0.552	中等偏强
		3741.6	3742.2	16.8	71.8	42.8	中孔低渗	0.656	中等偏弱

表 2-11　WZ12-1-A10 井涠四段储层水锁伤害预测结果

井号	生产油组	井段/m		孔隙度/%	渗透率/mD	含水饱和度/%	储层类型	水锁指数APTi	伤害程度
A10	W₄Ⅰ	3581.3	3582.5	15.8	43.4	41.5	中孔低渗	0.572	中等偏强
		3582.5	3583.4	12.6	8.7	55.1	低孔超低渗	0.697	中等偏弱
		3583.4	3585.2	14.5	22.6	46	中孔低渗	0.601	中等偏弱
		3585.9	3587.2	13.9	16.7	53.2	低孔低渗	0.726	中等偏弱
		3588.1	3590.4	18.5	169.1	48	中孔中渗	0.863	弱
	W₄Ⅱ	3611.1	3614.9	12.5	8.3	40	低孔超低渗	0.360	强
		3614.9	3617.7	14.7	25	35.6	低孔低渗	0.383	强
		3618.5	3620.7	15.3	33.8	33	中孔低渗	0.358	强
		3620.7	3624	13.9	16.7	33.4	低孔低渗	0.290	强
		3628.1	3631.5	17.7	113	29.1	中孔中渗	0.403	中等偏强
		3631.5	3641.4	15.2	32.1	34.8	中孔低渗	0.392	中等偏强
		3641.4	3642.2	12.7	9.1	37.6	低孔超低渗	0.317	强
		3642.2	3645.5	17	79.5	34.5	中孔低渗	0.484	中等偏强
	W₄Ⅲ	3710.2	3713	16.5	61.8	33	中孔低渗	0.424	中等偏强
		3713	3714.2	13.1	11.2	35	低孔低渗	0.282	强
		3716.2	3717.9	15.7	41.3	33	中孔低渗	0.380	强
		3733.1	3736.7	17.9	125	34.1	中孔中渗	0.524	中等偏强

表 2-12　WZ12-1-B7 井涠四段储层水锁伤害预测结果

井号	生产油组	井段/m		孔隙度/%	渗透率/mD	含水饱和度/%	储层类型	水锁指数 APTi	伤害程度
B7	W₄Ⅳ	3011	3011.6	13.1	3.6	49.7	低孔超低渗	0.482	中等偏强
		3012.1	3017.5	16.5	25.7	25.2	中孔低渗	0.157	极强
		3020.8	3022	14.4	7.6	56.5	低孔超低渗	0.713	中等偏弱
	W₄Ⅴ	3046.3	3047.9	16.4	24.2	36.3	中孔低渗	0.395	中等偏强

表 2-13　WZ12-1-B20 井涠四段储层水锁伤害预测结果

井号	生产油组	井段/m		孔隙度/%	渗透率/mD	含水饱和度/%	储层类型	水锁指数 APTi	伤害程度
B20	W₄Ⅲ	3123.3	3125.8	16	48	17.3	中孔低渗	0.051	极强
		3127	3130.7	12.4	7.8	21.8	低孔超低渗	−0.047	极强
		3130.7	3150.4	15.7	41.3	17.1	中孔低渗	0.030	极强
		3151.4	3152.2	15.1	30.5	17.5	中孔低渗	0.006	极强
		3152.9	3154.9	15.4	35.5	15.9	中孔低渗	−0.013	极强
		3157.5	3160.3	17.1	83.6	17.7	中孔低渗	0.120	极强

水锁伤害预测结果表明，目标储层大部分水锁伤害指数 APTi 都小于 0.6，B20 和 A18 井中等偏强-极强水锁伤害比例为 100%，其余井在 75% 以上，均易产生水锁伤害。

2.2.2.2　水锁伤害实验评价

目标储层前期作业大多使用油田注入水/过滤海水作为作业流体基液，为了防止驱替介质中固相颗粒造成伤害，均用 0.22μm 滤膜过滤 2 遍油田注入水；防止水敏伤害，专门用人造岩心进行水锁伤害评价，结果见表 2-14、表 2-15。

实验流程如下：① 人造岩心抽真空饱和地层水，在储层温度下浸泡 20h 以上；② 取出装入岩心夹持器以气体驱替法将岩心建立束缚水饱和度（目标储层含水饱和度 15.9%～56.5%），然后取出抽真空并饱和煤油，正向测定煤油的渗透率 K_0，并记录驱替过程中的最高压力和稳定压力；③ 用 A10 井过滤油田注入水反向污染 5PV，静置 1h，模拟工作液侵入储层；④ 正向测定煤油的渗透率 K_1，并记录驱替过程中的最高压力和稳定压力；⑤ 计算水锁伤害率。

表 2-14　水锁伤害测定岩心物性 -

岩心号	5#	10#	11#
岩心类型	人造岩心	人造岩心	人造岩心
岩心孔隙度/%	33.8	34.0	33.9
气测渗透率/mD	29.2	26.9	27.5
岩心长度/cm	7.03	7.05	7.08
岩心直径/cm	2.50	2.50	2.50
岩心含水饱和度/%	15.9	28.3	41.8

表 2-15　水锁伤害测定实验结果 -

岩心号	水锁前后压力对比			水锁前后渗透率对比		
	水锁前/MPa	水锁后/MPa	压力上升倍数	水锁前/mD	水锁后/mD	渗透率伤害率/%
5#	0.0468	0.108	2.31	16.28	7.16	56.02
10#	0.0625	0.126	2.02	12.68	7.07	44.24
11#	0.0850	0.146	1.72	6.89	6.56	4.79

从实验结果来看，随着修井液的侵入，水锁伤害明显，使油相流动压力增大 1.72~2.31 倍，渗透率大幅下降。而且岩心初始含水饱和度越小，水侵污染后，水锁伤害程度越大。

2.3　无机垢伤害

目前涠洲油田群于 WZ12-1、WZ11-1N 油田的注水受效井发现了硫酸钡锶垢，井下管柱结垢造成的卡泵、检泵转大修等对油田生产经济效益造成严重影响。经国内外调研及现场取样分析，其为注入海水富含的 SO_4^{2-} 与储层中的 Ba^{2+}、Sr^{2+} 不配伍所致，国外多个注海水开发的油田同样存在硫酸钡锶垢问题。本研究将以 WZ11-1N-A2 井为例，研究硫酸钡结垢于储层的伤害机理。

另外，WZ11-1 油田的见水油井发现碳酸钙垢，井下管柱及近井地带的堵塞造成高产自喷井的停喷，本研究也将以 WZ11-1 油田 2 井区为例，研究碳酸盐结垢于储层的伤害机理。

2.3.1　无机垢结垢机理

2.3.1.1　地层水与注入水不配伍

涠洲 12-1 油田地层水和注入水化学组成如表 2-16 所示，因为两者含有易发生沉淀反应的不同离子（Ca^{2+}、Ba^{2+} 与 SO_4^{2-}），若两者相遇混合，就容易产生不稳定的、易于沉淀的液体。当越来越多的成垢阴阳离子存在于同一体系时，溶液体系达到过饱和，体系无法再容纳成垢离子，因此垢晶体析出，结垢发生。结合该油田地层水和注入水的成分分析结果，地层水中含有大量的 Ca^{2+}、Sr^{2+}、Ba^{2+}、HCO_3^-，注入水中含有大量的 Ca^{2+}、Mg^{2+}、SO_4^{2-}，其中 SO_4^{2-} 的浓度特别高。注入水中含有高浓度的 SO_4^{2-}，所以在涠洲 12-1 油田水样中均检测到较高浓度的 SO_4^{2-}，但是都比注入水中 SO_4^{2-}（2848.00mg/L）浓度小，同时涠洲 12-1 油田水样中的测得的 Ba^{2+}（$10^{-4} \sim 10^{-3}$mg/L）浓度远小于地层水中的 Ba^{2+}（83.37mg/L），相关计算表明，只要地层水中的钡离子含量大于 5.24×10^{-4}mg/L 就可结垢。综上，水样分析结果证明了地层水与注入水的不配伍是导致结垢的一个重要原因。

表 2-16　涠洲 12-1 油田地层水和注入水化学组成

涠洲 12-1 油田地层水和注入水化学组成

离子	地层水/(mg/L)	注入水/(mg/L)
Na^+	7582	10394
Ca^{2+}	289	409
Mg^{2+}	51	1347
K^+	200	417
Sr^{2+}	36.22	0
Ba^{2+}	83.37	0
Cl^-	12425	19127
SO_4^{2-}	10	2848
HCO_3^-	339	149
CO_3^{2-}	21	0

2.3.1.2　热力学平衡条件发生改变

按照结垢机制，可将污垢分为结晶垢、颗粒垢、化学反应垢、腐蚀垢、微生物垢和凝固垢等，其中以结晶垢最为常见。结晶垢是溶解度小的无机盐从过饱和溶液中析出并沉积于设备表面形成的，其中以难溶盐类如 $CaCO_3$、$CaSO_4$、$SrSO_4$、$BaSO_4$ 等的沉积最为普遍。溶液过饱和是形成结晶垢的首要和必要条件，即是说只有当水溶液过饱和时，才具备结垢的热力学可能性。油田结垢要么是由于水体温度、压力等热力学条件改变，导致水中离子平衡状态改变，形成过饱和溶液，成垢组分溶解度降低而析出结晶沉淀；要么是离子组成不相容的水相互混合，导致成垢物质过饱和而产生沉淀。

通过对现场水质进行分析发现，涠洲油田各油井水体中存在大量成垢阳离子 Ca^{2+}、Ba^{2+}、Sr^{2+} 和阴离子 SO_4^{2-}、HCO_3^-，它们在地层中处于热力学平衡状态，即在温度、压力及盐度合适的条件下，一些矿物（如 $BaSO_4$、$SrSO_4$ 等）在水中的溶解度达到最大。一旦热力学条件（压力、温度等）发生变化，溶液的平衡状态便会遭到破坏，或由于固液界面的压力场吸附使平衡状态发生变化，都会在溶液中形成过饱和的现象，从而导致无机垢的形成，即自析出结垢。

在油田的集输处理管线、管道弯曲处、设备阀门和容器角落等地方，当井下热动力条件不变时，即使有不相容离子存在，且为过饱和溶液，也会处于稳定状态，不发生结垢。但在油井生产过程中，油气水处理管线设备运转过程中，压力、温度等不稳定，加之流体在流经管道或设备时流速变化等原因都会使溶液结垢可能性大大提升。对油井来说，一般井下 300～400m 处结垢最严重，对集输处理管线来说，污水管线结垢最严重，管道弯曲处、设备阀门和容器角落等地方更易结垢。

2.3.1.3　动力学条件发生改变

结垢机理的动力学研究则是针对具有结垢趋势的水体，探讨影响垢沉积过程、垢形成速率的因素。如属于结晶动力学研究范畴的过饱和度、杂质、离子特性对垢晶成核与成长、垢晶形貌的影响，属于流体动力学范畴的流体状况（流速、流态）、表面状况等对结垢的影响规律。

由于某些管道自身存在缺陷，或者在一些管道的转弯处，当油气流经时，自身的流速、压力及密度等会突然发生变化，造成难溶盐类在水体中溶解平衡的改变，因而聚集结垢，从而使管道堵塞。从分子动力学角度考虑，流体流速越大，溶液中离子活度越大、扩散越快，因而增加了成垢离子的碰撞机会，使得沉积成垢概率大大提高。

此外，水中 CO_2 的含量对 $CaCO_3$ 垢的形成有极为重要的影响，而这一

数值又与空气中 CO_2 分压成正比。如果生产压差过大，就会使水中溶解的 CO_2 量存在很大差异，导致垢的生成。

2.3.2 硫酸钡垢伤害

2.3.2.1 结垢动态伤害岩心驱替实验

为评价目前储层中是否存在结垢，明确结垢对储层的伤害机理和程度，且为硫酸钡结垢储层伤害数值模拟提供计算参数依据。采用人造岩心用以排除储层岩心敏感性影响，在储层条件下将地层水与注入水以不同比例进行混注驱替，评价硫酸钡结垢对岩心的伤害。

实验目的：评价储层中硫酸钡结垢伤害程度。

实验材料：岩心、地层水、注入水。

实验仪器：高温高压流动仪（图 2-1）。

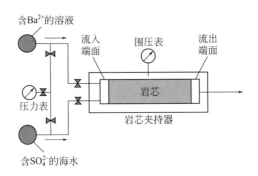

图 2-1　无机垢伤害高温高压流动仪示意图

实验条件：温度 90℃，围压 2～3MPa。

实验流程：① 岩心抽真空饱和模拟地层水；② 在一定流量下驱替地层水，测稳态下渗透率；③ 以相同流量，且地层水与注入水体积比为 1∶1、3∶1 的情况下，同时注入地层水与注入水，测渗透率随注入 PV 数变化；④ 实验前后岩样 SEM 定点环扫，对比观测试验前后孔喉特征变化。

实验结果及分析：由动态驱替实验可知，无论模拟地层水及模拟注入水按照何种比例混合，累计注入一段时间后，所测岩样渗透率均有一定程度降低，如图 2-2 至图 2-4 所示，且地层水比例越高，结垢程度越大；注入前后岩样端面定点 SEM 扫描均观察到了 $BaSO_4$ 形态，由此可推断注入水/入井液与地层水接触后不相容，生成的 $BaSO_4$ 沉淀堵塞孔喉，导致渗透率降低。

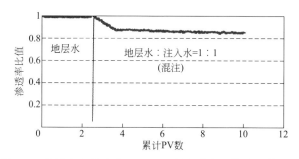

图 2-2 地层水与注入水（1∶1）混注对岩心伤害驱替实验

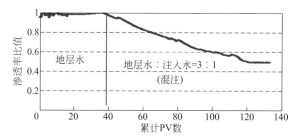

图 2-3 地层水与注入水（3∶1）混注对岩心伤害驱替实验

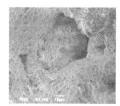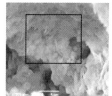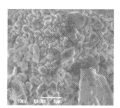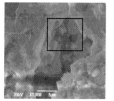

图 2-4 无机垢伤害前后岩样端面 SEM 定点扫描对比

2.3.2.2 硫酸钡结垢伤害数值模拟研究

海上油田注水开发过程中或修井作业过程中，若地层水中含有 Ba^{2+}，将会与入井液（海水）中的 SO_4^{2-} 形成硫酸钡结垢，$BaSO_4$ 结垢将会对油井产量造成显著影响。虽然在注水开发过程中，注入水与地层水的混合将会存在于整个注水波及范围内。然而，硫酸钡结垢对油井产量的影响主要存在于近井地带。原因主要有以下两点。

① 注水开发过程中，水驱前缘处注入水与地层水混合所产生的 $BaSO_4$，将会被原油携带，随着水驱前缘，向油井方向运移。这将不会造成注水波及范围内的 $BaSO_4$ 结垢大量沉积，从而造成渗透率显著下降；硫酸钡结垢，

将会大量沉积在渗流边界、砂体连通较差处，造成储层渗透率显著降低，但这些并非主要渗流通道，所以对油井产能影响较小，如图2-5所示。

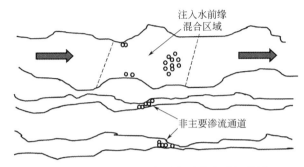

图 2-5　注入水/地层水混合形成硫酸钡结垢

② 油井近井地带，由于渗流速度的增加，增加了结垢化学反应动力学系数，且钻井、增产措施对储层垂向渗透率的改造，使得近井地带渗流环境变得极为复杂，如图2-6所示。油井在高渗水层突进见水后，注入水将会在近井地带与地层水进行剧烈混合，生成大量硫酸钡结垢，对储层造成显著伤害。

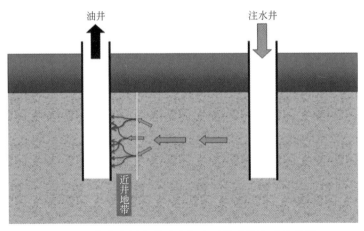

图 2-6　高渗水层突进后水相在近井地带流动示意图

一注一采硫酸钡垢沉积模型：

① 模型假设条件　油藏各向均质；径向渗流；稳态浓度分布；油水不可压缩；流动过程中，油水比为定值。

② 模型建立　在近井地带建立油水、钡离子、硫酸根离子以及硫酸钡沉淀的质量守恒方程。

近井地带油水稳态渗流有如下方程：

$$Q_w = fQ, \quad Q_o = (1-f)Q \tag{2-7}$$

式中 Q——产液量，m^3/s；

Q_w——产水量，m^3/s；

Q_o——产油量 m^3/s；

f——产水率。

其中 f 与含水饱和度及硫酸钡沉积浓度相关，有如下方程：

$$f = \frac{k_{rw}(S, \sigma)/\mu_w}{k_{rw}(S, \sigma)/\mu_w + k_{ro}(S)/\mu_o} = f(S, \sigma) \tag{2-8}$$

式中 S——含水饱和度；

k_{rw}——水相相对渗透率；

k_{ro}——油相相对渗透率；

μ_w——水相黏度，$kg/(m \cdot s)$；

μ_o——油相黏度，$kg/(m \cdot s)$；

σ——硫酸钡固相沉积浓度，$gmol/L$。

在稳定渗流条件下，产水率有如下方程：

$$f(S, \sigma) = Q_w/Q = f \tag{2-9}$$

稳定渗流中，考虑硫酸钡沉积及扩散的 Ba^{2+} 质量守恒方程如下：

$$Q\frac{\partial C_{Ba}f}{\partial R} = 2\pi\frac{\partial}{\partial R}(RDS\frac{\partial C_{Ba}}{\partial R}) - 2\pi RhSK_a C_{Ba} C_{SO_4} \tag{2-10}$$

式中 R——据井筒半径，m；

C_{Ba}——Ba^{2+} 浓度，$gmol/L$；

C_{SO_4}——SO_4^{2-} 浓度，$gmol/L$；

D——扩散系数，m^2/s；

h——油层厚度，m；

K_a——化学反应速率常数，$gmol/(L \cdot s)$。

同样的有 SO_4^{2-} 质量守恒方程如下：

$$Q\frac{\partial C_{SO_4}f}{\partial R} = 2\pi h\frac{\partial}{\partial R}(RDS\frac{\partial C_{SO_4}}{\partial R}) - 2\pi RhSK_a C_{Ba} C_{SO_4} \tag{2-11}$$

$BaSO_4$ 结垢增长速率等于 Ba^{2+}/SO_4^{2-} 消耗速率，有如下方程：

$$\phi\frac{\partial \sigma_{BaSO_4}}{\partial t} = K_a C_{Ba} C_{SO_4} \tag{2-12}$$

近井地带水相渗流速度，有如下方程：

$$U = \frac{Qf}{2\pi RhS} \tag{2-13}$$

式中 U——水相流速，m/s。

多孔介质中有效扩散系数、化学反应速率常数与水相流速成正比，有如下方程：

$$D = \alpha_D U \tag{2-14}$$

$$K_a = \lambda U \tag{2-15}$$

其中，D 表扩散系数，α_D 表设定的比例系数。

引入无量纲半径、时间和浓度：

$$\rho = \frac{R}{R_C}, \quad C = \frac{C_{Ba}}{C_{Ba}^0}, \quad Y_a = \frac{C_{SO_4}}{C_{Ba}^0}, \quad \sigma = \frac{\sigma_{BaSO_4}}{C_{Ba}^0}$$

$$\alpha = \frac{C_{Ba}^0}{C_{SO_4}^0}, \quad T = \frac{Qt}{\pi R_C^2 h \varphi} \tag{2-16}$$

式中 ρ——无量纲距离；

$\quad C$——无量纲 Ba^{2+} 浓度；

$\quad Y_a$——无量纲 SO_4^{2-} 浓度；

$\quad \sigma$——无量纲 $BaSO_4$ 沉积量；

$\quad \alpha$——初始钡离子浓度与硫酸根浓度比值；

$\quad T$——无量纲时间。

Ba^{2+} 和 SO_4^{2-} 质量守恒方程无量纲化：

$$\begin{cases} \dfrac{\partial C}{\partial \rho} = \dfrac{\alpha_D}{R_C} \dfrac{\partial}{\partial \rho} (S \dfrac{\partial C}{\partial \rho}) - R_C \lambda C_{Ba}^0 C Y_a \\[3mm] \dfrac{\partial Y_a}{\partial \rho} = \dfrac{\alpha_D}{R_C} \dfrac{\partial}{\partial \rho} (S \dfrac{\partial Y_a}{\partial \rho}) - R_C \lambda C_{Ba}^0 C Y_a \end{cases} \tag{2-17}$$

$BaSO_4$ 结垢增加速率方程无量纲化：

$$\frac{\partial \sigma}{\partial T} = \frac{\lambda R_C C_{Ba}^0}{2\rho} \frac{f}{S} C Y_a \tag{2-18}$$

Ba^{2+} 和 SO_4^{2-} 在近井地带的稳态分布方程及 $BaSO_4$ 结垢在近井地带的积累方程由 3 个常微分方程（2-17）和（2-18）所表示。有如下的内外边界条件：

$$\rho = \frac{r_w}{R_C}: \frac{\partial C}{\partial \rho} = \frac{\partial Y_a}{\partial \rho} = 0 \tag{2-19}$$

$$\rho = 1: C = 1, \quad Y_a = \frac{1}{\alpha} \tag{2-20}$$

其中，r_w 表井筒半径。

③ 模型方程简化及求解　假设硫酸钡的沉积不会对多相流动造成影响，那么含水饱和度 S 将为常数，即有如下方程组：

$$\begin{cases} \dfrac{dC}{d\rho} = \varepsilon_c S\, \dfrac{d^2 C}{d\rho^2} - \varepsilon_k C Y_a \\[3mm] \dfrac{dY_a}{d\rho} = \varepsilon_c S\, \dfrac{d^2 C}{d\rho^2} - \varepsilon_k C Y_a \end{cases} \tag{2-21}$$

$$\varepsilon_c = \frac{\alpha_D}{R_C}, \quad \varepsilon_k = R_C \lambda C_{Ba}^0 \tag{2-22}$$

式中　ε_c——无量纲施密特扩散系数；

　　　ε_k——无量纲化学反应速率常数。

引入 Ba^{2+} 和 SO_4^{2-} 差值 V。

$$V = C - Y_a \tag{2-23}$$

由方程组（2-21）中两个方程相减，可得如下方程：

$$\frac{dV}{d\rho} = \varepsilon_c S\, \frac{d^2 V}{d\rho^2} \tag{2-24}$$

由方程（2-19）和（2-20）可得边界条件如下：

$$\rho = 1: V = 1 - \frac{1}{\alpha} \tag{2-25}$$

$$\rho = \rho_w: \frac{dV}{d\rho} = 0 \tag{2-26}$$

联立求解（2-2）至（2-26），可得 $V(\rho)$ 为常数，及 Ba^{2+} 和 SO_4^{2-} 差值为常数：

$$V(\rho) = 1 - \frac{1}{\alpha} \tag{2-27}$$

将式（2-27）和（2-23）代入方程（2-22），可得 Ba^{2+} 无量纲浓度分布方程如下：

$$\varepsilon_c S\, \frac{d^2 C}{d\rho^2} - \frac{dC}{d\rho} - \varepsilon_k C\left(C - 1 + \frac{1}{\alpha}\right) = 0 \tag{2-28}$$

由方程（2-19）和（2-20）的边界条件，可由四阶龙格-库塔法求解 Ba^{2+} 无量纲浓度分布。

硫酸钡无量纲沉积浓度方程由方程（2-17）可得：

$$\sigma(\rho, T) = \frac{\varepsilon_k}{2\rho} \frac{f}{S} C(\rho) Y_a(\rho) T \tag{2-29}$$

渗透率方程为：

$$k = k_0 k(\sigma) \tag{2-30}$$

其中 $k(\sigma) = \dfrac{1}{1+\beta\sigma}$，$\beta$ 为地层损伤系数，k_0 为储层初始渗透率。

模型求解思路为，在稳态离子浓度分布及稳态多相流条件下，建立关于 Ba^{2+} 浓度分布的质量守恒方程，通过内外边界条件对其进行求解，进而得到关于时间的硫酸钡沉积分布，最后得到由于硫酸钡的沉积对近井地带造成的渗透率下降。

模型方程（2-28）和（2-29）中存无量纲化学反应常数，地层损伤系数。参数的求解可以通过两次以不同比例（1:1，3:1）地层水、海水混注的流动驱替实验得到。

定义流动驱替实验中的无量纲压降为：

$$J = \frac{\Delta p(t)}{\Delta p(t=0)} \tag{2-31}$$

式中　$\Delta p(t)$——t 时刻的压降；

　　　J——无量纲压降。

由于压降与时间成正比关系，所以有如下方程：

$$J = 1 + m t_D \tag{2-32}$$

其中，

$$m = \frac{M_{BaSO_4}}{\rho_{BaSO_4}} \beta C_{Ba}^0 \left\{ \frac{\alpha \left[e^{\varepsilon_k(\alpha-1)} - 1 \right]}{\alpha e^{\varepsilon_k(\alpha-1)} - 1} \right\} \tag{2-33}$$

通过注入两种不同比例的地层水/海水混合液，由如下方程可得无量纲化学反应常数 ε_k，地层损伤系数 β。

$$\frac{mg \{ e^{\varepsilon_k[g(\alpha+1)-1]} - 1 \}}{\alpha \dfrac{g}{(1-g) e^{\varepsilon_k[g(\alpha+1)-1]} - 1}} = \frac{f \{ e^{\varepsilon_k[f(\alpha+1)-1]} - 1 \}}{\alpha \dfrac{f}{(1-f) e^{\varepsilon_k[f(\alpha+1)-1]} - 1}} \tag{2-34}$$

式中　f——地层水/海水为 1:1 的混注流动实验所得 m 值；

　　　g——地层水/海水为 3:1 的混注流动实验所得 m 值；$m = \dfrac{m_f}{m_g}$。

④ WZ11-1N-A2 见水后近井地带硫酸钡结垢模拟　由模拟结果可看出，近井地带的复杂渗流环境带来了成垢离子大量混合的机会；渗流速度的增加，从而增加了扩散系数、化学反应速率常数，使得 Ba^{2+} 与 SO_4^{2-} 成垢速度增加。从模拟边界 10m 处至井筒 $r_w = 0.1m$ 处，随着地层中钡离子消耗，Ba^{2+} 浓度迅速下降。如图 2-7 至图 2-9 所示，Ba^{2+} 浓度从初始 45mg/L，在距井筒 5m 处便降为 22mg/L；硫酸钡也在靠近模拟边界处大量沉积，且随

着时间的增加而增加；渗透率下降程度严重区域也在模拟边界处，距井筒10m 处的初始渗透率从 700mD，降至 75d 后的 400mD。本研究采用拟稳态的沉积模型，没有考虑已沉积的硫酸钡在多孔介质中的运移。但实际情况并未如此，随着油井的生产进行，硫酸钡将会被流体所携带而发生运移。实际情况下硫酸钡沉积分布，将会较模拟结果更靠近井筒。

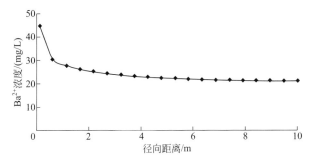

图 2-7　Ba^{2+} 浓度在径向上的变化

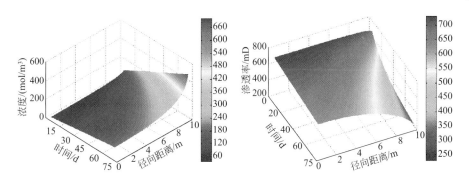

图 2-8　$BaSO_4$ 沉积随时间沿径向分布图　图 2-9　近井地带渗透率随时间沿径向分布图

　　图 2-10 分析了当 $\lambda = 1937.8$ 时，Ba^{2+} 和 SO_4^{2-} 无量纲浓度分布，从左向右 Ba^{2+} 快速沉积，在距井筒的无量纲距离达到 0.6 时，若含水率 $f_w = 0.75$，Ba^{2+} 浓度由初始 1mg/L 下降到 0.26mg/L，若含水率 $f_w = 0.25$，Ba^{2+} 浓度由初始 1mg/L 下降到 0.31mg/L，这说明从注水井到生产井的开发过程中，Ba^{2+} 快速沉积并且随着含水率的增加，Ba^{2+} 的沉积速度明显增加。

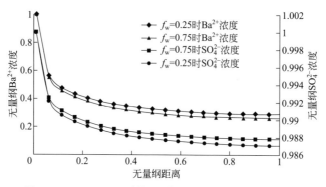

图 2-10　λ＝1937.8 时的 Ba^{2+} 和 SO$_4^{2-}$ 无量纲浓度剖面

图 2-11 和图 2-12 分析了不同的 Ba^{2+} 和 SO$_4^{2-}$ 浓度下，BaSO$_4$ 结垢对油井生产指数的影响。从图中可以看出，在 SO$_4^{2-}$ 离子浓度一定的条件下，随着 Ba^{2+} 浓度的增加，BaSO$_4$ 结垢速度增加，生产指数的下降速度也明显增加。在 Ba^{2+} 浓度一定的条件下，随着 SO$_4^{2-}$ 浓度的增加，BaSO$_4$ 结垢速度也相应增加，但是增加程度不大。

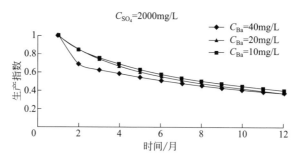

图 2-11　不同 Ba^{2+} 浓度下，生产指数随时间的变化（1）

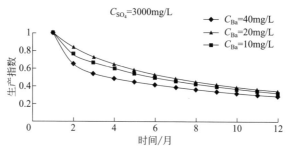

图 2-12　不同 Ba^{2+} 浓度下，生产指数随时间的变化（2）

2.3.3 碳酸盐垢伤害

碳酸盐类结垢受温度、压力变化的影响较大，地层条件下成垢的阴阳离子处于相对稳定的状态，流体随产出在近井地带及井筒中的温度、压力、流速的变化下将迅速增加成垢离子成垢的机会，导致近井地带及井筒中形成碳酸盐类垢。对于注水开发的涠洲 11-1 油田 2 井区，注入海水富含的 Ca^{2+}、Mg^{2+} 等阳离子与该区域地层水的 HCO_3^- 在见水油井的近井地带及井筒内形成大量碳酸盐类垢，导致自喷井停喷、井下管柱无法顺利起出等情况。

2.3.3.1 结垢动态伤害岩心驱替实验

为评价目标区块（涠洲 11-1 油田 2 井区）中是否存在碳酸钙结垢，以及明确结垢对储层的伤害机理和程度。本研究根据采出水分析资料配置模拟采出水，采用人造岩心以排除储层岩心敏感性影响，由于碳酸钙结垢受温度影响更为显著，所以本研究在储层温度（135℃）条件下进行岩心驱替实验，评价碳酸钙结垢对岩心的伤害。

实验目的：评价目前储层条件下是否存在碳酸钙结垢伤害及其伤害程度。

实验仪器：岩心流动仪、环境电镜扫描仪。

实验材料：人造岩心（气测 70mD，孔隙度 17%）、模拟采出水。

实验条件：温度 135℃、围压 2～3MPa。

实验流程：为了避免取样岩心敏感性对实验结果的影响，采用人造岩心在储层条件下进行采出水驱替实验。① 根据各单井采出水离子分析结果，配置相应的模拟采出水；② 在储层条件下进行模拟采出水驱替，并记录渗透率变化情况；③ 结垢伤害后岩心端面滴 HCl，观察有无气泡生成；④实验前后岩样 SEM 定点环扫，对比观测试验前后孔喉特征变化。

实验结果及分析：由动态驱替实验可知，如图 2-13～图 2-15 所示，在储层温度下随着模拟产出水的不断驱替，岩心渗透率程缓慢台阶形下降，达到一定程度后迅速下降，且对伤害后岩心端面滴 HCl 后出现大量气泡。其中 A8S1 井产出水在累计驱替 6500mL 后，渗透率下降高达 73%，且随产出水的驱替还存在继续下降趋势，其余各单井产出水驱替实验也呈现不同程度的渗透率损害（A3%，A7%）。由于实验采用人造岩心端面的孔隙结构特征会在切割过程中受到较大程度的破坏，所以电镜扫描选择了人造岩心敲断后的断面。结垢伤害前后，通过岩心断面 SEM 扫描，可清晰看到立方体结晶的碳酸钙沉积在孔喉处。

实验结果表明，目前 WZ11-1 油田 2 井区见水油井结垢不仅存在于井筒，近井地带同样存在碳酸钙结垢伤害。岩心结垢动态驱替伤害特征与见水油井生产特征表现出较高的相似度，各见水油井在产水后产液量均大幅下降，以致个别单井无产出。特别的，实验过程中驱替压差仅有 $1\sim2\text{MPa}$，且井口采出水中所测得成垢离子浓度应较井底低，所以各单井实际伤害情况或较室内评价结果更为显著。

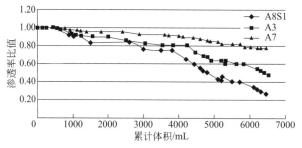

图 2-13　WZ11-1 油田产出水结垢伤害岩心动态驱替实验

图 2-14　碳酸钙结垢伤害后岩心端面滴盐酸

图 2-15　伤害前后岩心端面 SEM 对比

2.3.3.2　碳酸盐结垢伤害数值模拟研究

目前结垢预测理论比较成熟，通过建立完善的结垢预测化学模型，采用计算机数值模拟技术预测注入水结垢趋势的方法已比较广泛地应用于油田。常有的预测软件包括 ScaleSoftPitzer（美国 Rice University）、DownholeSAT（美国 French Creek 公司）以及 ScaleChem（美国 OLI Systems 公司）。采用成垢离子的饱和度指数 SI（也称结垢指数）是否大于零来判断结垢的可能趋势。

定义饱和度指数 SI＝（成垢离子活度积）－（成垢矿物溶度积常数），当 SI<0，该成垢矿物未饱和，不会结垢；当 SI>0，该成垢矿物过饱和，可能结垢。

或用饱和水平（Saturation level）SL 来判断是否结垢，定义饱和水平 SL＝（成垢离子活度系数）/（成垢矿物溶度积常数），当 SL>1，表示溶液饱和，容易结垢；当 SL<1，表示溶液未饱和，不会结垢。

本项目采用 ScaleChem 软件进行预测，该软件在结垢预测中涉及单个水样在不同的温度压力下的结垢趋势分析、以不同比例混合的混合水样的结垢分析。在数据分析中得到结垢指数 ST，根据 ST 的大小来判断水样结垢的程度。当 ST<1 时，只有很小的结垢趋势，可以认为不会产生影响；当 1<ST<6 时，会产生碳酸钙沉淀，但不会在管壁上形成垢，正常情况下如果管线内没有产生紊流只会产生盐；当 6<ST<150 时，会产生垢，但可以通过添加阻垢剂来抑制垢的产生；当 ST>150 时，用现有的技术还无法去除已经产生的垢。

根据取样水离子分析结果，目标井产水情况，采用 ScaleChem 软件，对 2 井区流三段 A7 井地层水，注入海水与地层水不同比例混合，及 A3、A8S1 井采出水进行了结垢趋势预测，录入参数见表 2-17、表 2-18，预测结果如图 2-16～图 2-19 所示，相关数据见表 2-19。

表 2-17　目标井储层参数

井号	温度/℃	压力/MPa	产水/(m³/d)
A3	135	35.91	30
A7	135	36.92	15
A8S1	135	36	88

表 2-18　涠洲 11-1 油田目标井水样离子分析

井号	油组	阳离子浓度/(mg/L)			阴离子浓度/(mg/L)					pH	水型
		K^+, Na^+	Ca^{2+}	Mg^{2+}	Cl^-	SO_4^{2-}	HCO_3^-	CO_3^{2-}	OH^-		
A7	$L_3 Ⅲ$	370	25	6	529	16	159	0	0	7.66	$NaHCO_3$
A3	$L_3 Ⅲ$	6042	277	43	9728	2	352	0	0	7.51	$CaCl_2$
A8S1	$L_3 Ⅲ$	6518	337	18	10358	7	580	0	0	7.76	$CaCl_2$
A10(注)		10811	409	1347	19127	2848	149	0	0		$MgCl_2$

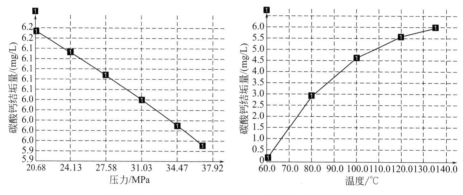

图 2-16　A7 井地层水随压力、温度变化结垢趋势

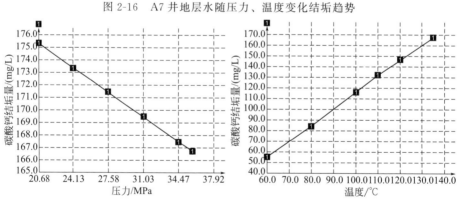

图 2-17　A3 井地层水随压力、温度变化结垢趋势

表 2-19　储层条件下成垢离子的饱和度指数 SI、饱和水平 SL、结垢量

井号	温度/℃	压力/MPa	饱和度指数 SI	饱和水平 SL	结垢量/(mg/L)
A3	135	35.91	28.7295	1.4583	166.7
A7	135	36.92	7.5792	0.8796	6.2
A8S1	135	36	42.0834	1.6241	226.1

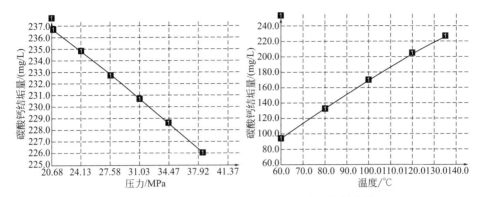

图 2-18   A8S1 井地层水随压力、温度变化结垢趋势

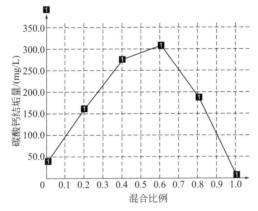

图 2-19   流三段地层水与海水任意比例混合后结垢趋势

由以上模拟结果可得出，A7 井饱和度指数最低，碳酸钙结垢程度最弱，但所产 L_3 段地层水在储层温度、压力下已经到达碳酸钙的过饱和，即在近井地带由于压力的降低、流速的增加，会形成一定量的碳酸钙结垢；A3、A8S1 井同样存在产出水的碳酸钙结垢，且 A8S1 井结垢程度较 A3 井严重；海水与地层水以各种比例混合后均会生成碳酸钙结垢，修井过程中压井液（海水）的漏失，将会对近井地带造成碳酸钙结垢伤害。

模拟预测结果与现场结垢情况高度拟合。A7 井在历次井下通井作业，均未发现井筒结垢，仅在起出原生产管柱时发现下部结垢；A3 井修井作业，捞出的垢砂样中优势成分为碳酸钙，起出的生产管柱存在管壁结垢；A8S1 井测静压作业过程中，发现井筒射孔段结垢严重。

2.4 有机垢伤害

2.4.1 有机垢伤害机理

在正常油藏条件下，胶质、沥青质、原油以一种比较稳定的胶体分散体系形式存在，其中的分散相是以沥青质为核心，以附着于其上的胶质为溶剂化层而构成的胶束，而分散介质则主要为原油和部分胶质。油井生产作业过程中，热力学条件或胶质、沥青质溶解度发生变化，均会打破胶质、沥青质的稳定分散体系。当吸附在沥青质表面的胶质被溶解后，带电的极性沥青质分子就会通过静电作用聚集形成絮凝体，由于絮凝体带有正电荷和极性，易吸附在带负电的岩石矿物表面，导致其在储层孔喉、表面的沉积。

2.4.2 有机垢伤害评价

涠洲 11-1 油田流三段原油沥青质、胶质、含硫较低，含蜡量、凝固点高，涠洲 11-1N 油田流一段原油沥青质、含硫低，密度、黏度中等，含蜡、凝固点高。特别的对于流三段储层，虽然流三段原油高含蜡，但析蜡点约50℃，井口温度约 50℃，所以生产过程中石蜡沉积或出现在井筒，不会对近井地带储层造成显著伤害；然而流三段原油为高饱和，且地饱压差仅0.4MPa，初期各单井的生产气油比均较高（$200 \sim 500 m^3/m^3$），近井地带原油脱气带来的原油组分的变化，及井下作业造成的温度变化，易导致近井地带沥青质等重质组分的沉积，其吸附于孔隙表面造成岩石润湿性的改变和/或堵塞多孔介质孔喉，均会造成油相渗透率的降低。由于仅取得井口油样，模拟作业过程对近井地带储层温度的改变，进行原油岩心驱替实验，结合岩心端面润湿性差异对比，综合评价有机质沉积对储层动态伤害机理及程度。

2.4.2.1 有机质沉积动态伤害评价实验

实验仪器：流动仪、量筒、润湿角测定仪、筛网。

实验材料：原油、人造岩心、取样岩心。

实验流程：① 将原油脱水后，加热过 200 目筛网，过滤去除杂质。② 将岩心抽真空、建立束缚水并充分饱和原油。首先，一定驱替速率下在135℃下做驱替原油 10PV，测量岩心渗透率；然后，将温度下降到 100℃并保持 4h 后，驱替原油 10PV 测量岩心渗透率；再恢复到 135℃并保持 4h

后，驱替原油 10PV，测试恢复温度后的渗透率；最后在此温度下反向驱替有机清洗剂，保持 1h 后，再次驱替原油 5PV 测原油渗透率。③ 流动试验前后对岩心端面进行润湿角进行观测。

根据目标井实际生产情况与主力油组物性，并考虑储层非均质性，分别选择了三块人造岩心，及 WZ11-1-2 井 $L_3 Ⅲ_B$ 油组取样岩心，由于岩心有限，对取样岩心洗油后重复利用。岩心编号及物性见表 2-20，结果见表 2-21，图 2-20～图 2-24。

表 2-20　涠洲 11-1 油田有机质沉积伤害评价采用岩心

编号	长/cm	直径/cm	气测渗透率/mD	孔隙度/%	原油
WZ11-1-2	5.5	2.51	89	16.6	A3、A7、A8S1
3	5.02	2.5	1000	20	A3
4	5	2.5	500	18	A3

表 2-21　涠洲 11-1 油田有机质沉积伤害实验-岩心渗透率损伤情况

编号	原油	135℃	100℃	135℃	清洗后 135℃
WZ11-1-2	A3	100%↓69%	61%↓54%	47%↓46%	85%↓76%
WZ11-1-2	A7	100%↓70%	65%↓64%	56%↓53%	92%↓88%
WZ11-1-2	A8S1	100%↓77%	72%↓63%	59%↓55%	—
3	A3	100%	92%	90%	—
4	A3	100%↓88%	89%↓82%	80%↓77%	92%↓88%

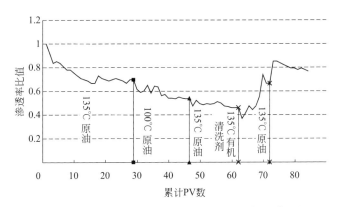

图 2-20　WZ11-1-2 井取样岩心 A3 井原油有机质沉积

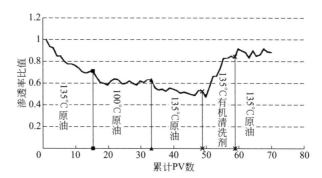

图 2-21 WZ11-1-2 井取样岩心 A7 井原油有机质沉积

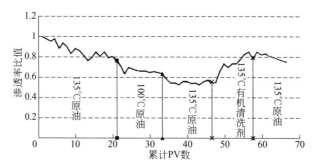

图 2-22 WZ11-1-2 井取样岩心 A8S1 井原油有机质沉积

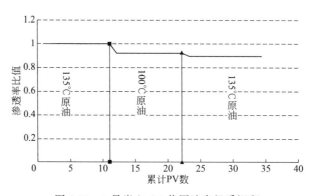

图 2-23 3 号岩心 A3 井原油有机质沉积

① 在 135℃下随着原油的注入，3 号岩心渗透率测得稳定值；WZ11-1-2 所取的物性较差的 4 号岩心随着原油注入 PV 数的增加，所测渗透率不断降低，但最终测得稳定值。

② 温度降至 100℃，3 号岩心所测得渗透率较 135℃略微下降；WZ11-

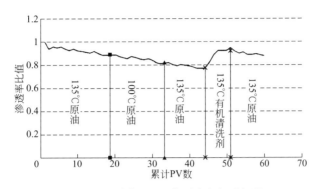

图 2-24　4 号岩心 A3 井原油有机质沉积

1-2 所取的物性较差的 4 号岩心随着原油注入 PV 数的增加，所测渗透率下降幅度较 1 号岩心大。

③ 温度恢复到 135℃，所有岩心测得渗透率，均较初测值有所下降，且 WZ11-1N-A3 所取的物性较差的 2 号岩心下降幅度较大。

④ 在 90℃下驱替有机清洗剂，WZ11-1N-A3 所取的 2 号岩心的渗透率得到有效恢复。

实验结果表明，涠洲 11-1 油田不同单井取样原油，由温度变化造成的有机质沉积伤害程度相当，对物性较好储层的伤害程度较弱，对物性较差储层造成一定程度伤害，且有机清洗剂能有效解除。由此可推断，主力油组物性较差的单井存在的有机质沉积伤害更为严重。

2.4.2.2　有机质沉积数值模拟研究

由于生产条件变化、压力温度系统变化，近井周围易导致石蜡、沥青质及胶质等重烃组分析出沉积在岩石表面，改变润湿性或堵塞孔喉，导致产油量下降。国内外对沥青质沉积对储层伤害的模拟，从简单预测沥青质沉积点、沉积量的标度方程，发展到考虑沥青质沉积对孔渗的影响、对岩石表面润湿性的改变、沥青质和极性分子的相互作用、毛细管力和重力影响、多孔介质中油气固三相流动的模拟。然而，模型计算所需参数较多，现有条件并不能获得所有参数，所以采用了在稠油热采及化学驱模拟方面有着领先技术的 CMG 软件，其 GEM 模块的模拟能力已超出常规的黑油及平衡常数组分模拟器，具有模拟沥青质沉积及堵塞的能力。在输入已有参数值后，将参考其默认值，对目标单井有机质沉积进行模拟。

（1）WZ11-1-A3 井伤害模拟　模拟开井生产 2 个月的结果如图 2-25、图 2-26 所示。有机质沉积主要伤害位置为垂深 2659～2670m 的 L_3Ⅲ油组，模拟结果显示其尺寸大小为 0.25m×0.25m×11m，体积为 0.6875m³，孔隙度为 19%。红色所代表的最大沉积量为 6.2lb（即 2.81kg），沥青质的密度取 1g/ cm³，红色网格的沥青质沉积量为 0.00281m³，因此孔隙体积的最大下降量为 2.1%。如图 2-27 所示为模拟生产 2 个月后，孔隙度随半径分布，得出主要伤害半径为 0.55m 左右。

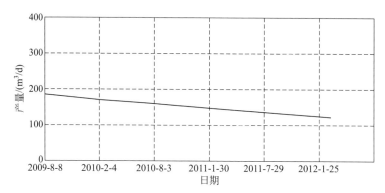

图 2-25　WZ11-1-A3 井产量拟合曲线

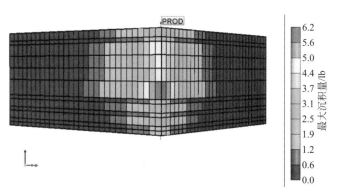

图 2-26　WZ11-1-A3 井沥青质沉积模拟图

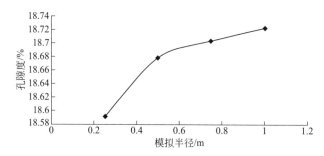

图 2-27　WZ11-1-A3 井有机质伤害后孔隙度随半径分布图

（2）WZ11-1-A7 井伤害模拟　模拟开井生产 3 个月的结果如图 2-28、图 2-29 所示。由模拟结果可得，沥青质沉积主要伤害位置为垂深 2696～2702m 的 L_3Ⅲ油组，模拟结果显示其大小为 0.25m×0.25m×5.54m，体积为 0.35m³，孔隙度为 16％。最大沉积量 6.6lb（即 2.99kg），沥青质的密度取 1g/cm³，红色网格的沥青质沉积量为 0.00299m³，因此孔隙体积的最大下降量为 5.3％。如图 2-30 所示为模拟生产 3 个月后，孔隙度随半径分布，得出主要伤害半径为 0.6m 左右。

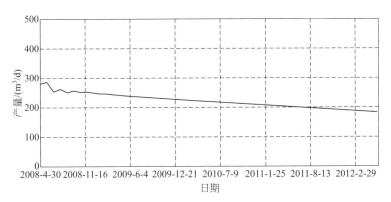

图 2-28　WZ11-1-A7 井产量拟合曲线

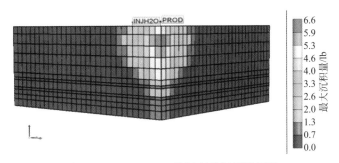

图 2-29　WZ11-1-A7 井沥青质沉积模拟图

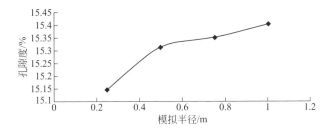

图 2-30　WZ11-1-A7 井有机质沉积伤害后孔隙度随半径分布图

（3）WZ11-1-A8S1 井伤害模拟　模拟开井生产 2 个月的结果如图 2-31、图 2-32 所示。根据模拟结果可得，有机质沉积主要伤害位置为垂深 2816～2821m 的 L_3 Ⅲ油组，模拟结果显示其大小为 0.25m×0.25m×5m，体积为 0.3125m³，孔隙度为 15.5％。而沥青质最大沉积量为 6.3lb（即 2.85kg），沥青质的密度大约为 1g/cm³，红色网格的沥青质沉积量为 0.00285m³，因此孔隙体积的最大下降量为 5.9％。如图 2-33 所示为模拟生产 2 个月后，孔隙度随半径分布，得出主要伤害半径为 0.5m 左右。

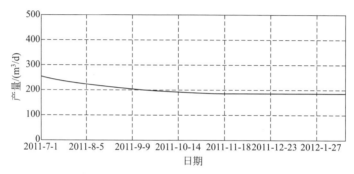

图 2-31　WZ11-1-A8S1 井产量拟合曲线

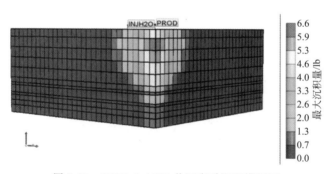

图 2-32　WZ11-1-A8S1 井沥青质沉积模拟图

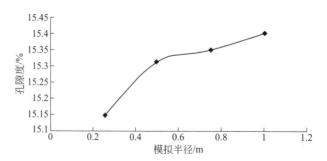

图 2-33　WZ11-1-A8S1 井有机质沉积伤害后孔隙度随半径分布图

2.5 高分子凝胶堵塞伤害

PRD（protecting reservoir drilling fluid）是一种无黏土固相弱凝胶体系，在修井作业过程中能阻止固、液相对储层的侵入，有效控制修井过程中工作液的漏失保护储层。WZ11-1N-A15 井 2013 年 9 月检泵作业，以PRD 作为压井液进行修井，但并未进行破胶处理，致使修井后该井产液量持续下降。为此，以该井为例研究 PRD 体系储层条件下自降解能力及其对储层的伤害机理。

2.5.1 高分子凝胶堵塞伤害机理

PRD 体系是聚合物体系，具有大分子链长、黏度高特点，一旦被挤入地层，容易吸附、滞留在孔隙中，造成油气受阻，导致油气井产能降低，必须进行专门的破胶工序。但修井过程无专门修井管柱导致仅能依靠储层温度进行自破胶，PRD 在储层温度条件下，即便在 25d 后，降黏率也仅能达到 21.79％（见表 2-22），对于没有采取破胶措施的 A15 井，储层段大部分的 PRD 工作液仍能保持较好的胶凝状态。

表 2-22 PRD 自然降解实验结果

降解温度/℃	自然降解时间/d	原 Φ_{600}	降解后	
			Φ_{600}	降黏率/％
89	0	49	—	—
89	1	63	—	—
89	3	66	—	—
89	5	66	59	10.26
89	7	66	57	14.10
89	15	66	54	17.95
89	25	66	52	21.79

2.5.2 高分子凝胶堵塞伤害评价

实验仪器：高温高压动态滤失仪，岩心流动驱替装置，量筒，烧杯，秒表，游标卡尺。

实验方法：将饱和地层水的岩心装入岩心流动驱替装置的岩心夹持器中，驱替温度为89℃，围压设定在3～5MPa之间，用煤油做驱替工作液测定岩心的液测渗透率，在测定岩心液测渗透率时采用恒流速驱替，记录驱替压差 ΔP_1、流出流量 V_1 及其取样时间 Δt_1，待驱替压力稳定即可。再将测定液测渗透率的岩心置于高温高压动态滤失仪中的岩心夹持器中，用配制好的PRD（足量）做工作液，在地层温度（89℃）下对岩心进行污染（工作液驱替方向与液测渗透率方向相反），老化2h后，将污染后的岩心取出并置于岩心流动驱替装置中，用煤油做驱替工作液测定岩心的液测渗透率，在测定岩心液测渗透率时采用恒流速驱替，记录驱替压力 ΔP_2、流出流量 V_2 及其取样时间 Δt_2，待驱替压力稳定即可。最后将岩心污染端面剖开，对其断面进行电镜扫描，观察PRD对岩石微观孔喉的堵塞情况。

岩心渗透率按下式计算：

$$K = \frac{V\mu L}{A\,\Delta P\,\Delta t} \times 10^{-1} \tag{2-35}$$

式中，K——岩心渗透率，D；

　　ΔP——岩心两端压差，MPa；

　　μ——液体黏度，mPa·s；

　　L——岩心长度，cm；

　　A——岩心横截面积，cm^2；

　　V——Δt 时间内流出液体体积，cm^3；

　　Δt——取样时间，s。

由上式可计算出岩心污染前的渗透率 K_1 和岩心污染后的渗透率 K_2，则：

$$\text{PRD 对岩心渗透率的伤害率（\%）} = \frac{K_1 - K_2}{K_1} \times 100\% \tag{2-36}$$

实验结果见表2-23、图2-34、图2-35。在89℃下，采用高温高压动态滤失仪模拟储层条件下PRD对储层的伤害情况，岩心经PRD污染后其渗透率损害率达47.6%，从电镜扫描结果可看出PRD对孔隙造成严重堵塞。

表 2-23　PRD 对岩心渗透率影响

井号	WZ11-1N-4
岩心号	2
样品点深度/m	1999.64
岩心长度/cm	5.17

续表

井号	WZ11-1N-4
岩心直径/cm	2.53
气测渗透率(K_a)/mD	155.18
平衡压力/MPa	0.0288
渗透率 K_1/mD	13.93
返排时平衡压力/MPa	0.0550
渗透率 K_2/mD	7.29
渗透率损害率/%	47.6

图 2-34　PRD 在储层地层岩石中的分布情况电镜扫描图

 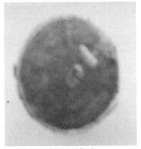 

　岩心污染前　　　　　　　岩心污染后　　　　　　　岩心返排后

图 2-35　岩心端面照片

2.6　微粒运移伤害

2.6.1　微粒运移伤害机理

　　油层微粒可以分为黏土矿物微粒和非黏土矿物微粒。黏土矿物的膨胀往往会伴随着油层微粒的释放。两种地层伤害方式经常伴随发生，往往使后果变得更为严重。油层微粒运移包括松散分布在骨架砂表面的矿物微粒在流体剪切作用下脱落，然后在流体的流动携带作用下发生运移，部分微粒在运移过程中产生滤集和吸附。这不仅取决于产层物性，而且与产层驱动流体的类型、流速及黏度有关。微粒能否脱离孔隙表面，流体携带的微粒能否吸附到岩石骨架上，均取决于微粒和岩石表面的力学性质。研究区域储层含有一定潜在敏感性矿物，因此，当流体在储层中流动时候，随生产条件变化，易引起储层中微粒运移并在一些细小的孔喉堵塞导致储层渗透率下降。

2.6.2　微粒运移伤害评价

2.6.2.1　微粒运移对近井地带储层伤害评价

据国内外研究成果统计，速敏造成的微粒运移伤害一般发生在据井眼 1～1.5m 的范围内，1.5m 以外储层几乎不受微粒运移影响。根据标准 SY/T 5358—2010《储层敏感性流动实验评价方法》，用文昌 13-1 油田 1 井和 2 井岩心，在超过临界流速 0.54mL/min 条件下，在不断增加驱替流速对岩心进行伤害评价实验，以评价油井后期提液对储层伤害程度，实验结果如图 2-36 所示。

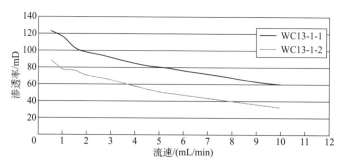

图 2-36　文昌 13-1 油田 ZJ2-1U 油组岩心超临界递增流速驱替实验

在超过临界流速的恒定流速条件下进行的岩心伤害实验，以评价油井在超临界流速下长期生产的动态伤害特征。实验结果如图 2-37 所示：流速越大，岩心渗透率下降越严重；岩心在大于临界流速的恒定流速下进行驱替时，只有当微粒运移堆积到一定程度，渗透率才逐渐下降，并最后由于微粒的沉积和运移达到动态平衡而维持在某一定值。

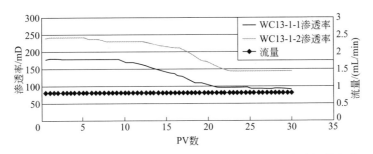

图 2-37　文昌 13-1 油田 ZJ2-1U 油组岩心恒定超临界流速驱替实验

2.6.2.2　微粒运移对筛网、砾石充填层伤害评价

根据文昌 13-1/2 油田防砂完井所选择的 40～60 目砾石、100 目筛管（孔径 0.149mm），分别采用 WC13-1-2 井、WC13-2-1 井的 ZJ2-1U 油组散砂，评价了储层运移微粒对近井地带储层渗透率，及砾石充填层的堵塞伤害程度。根据目标区块单井产能特征，设计驱替流量为 400m³/d；为避免矿化度对储层黏土矿物的影响，采用煤油作为流动介质；为避免实验测量误差，分别进行两组平行驱替实验；测量砾石充填层渗透率随驱替时间（0～720min）的变化情况。

图 2-38 为驱替实验装置示意图，实验结果如图 2-39～图 2-40 所示。实验结果表明，随着储层运移微粒的运移、侵入，模拟近井地带储层、筛网＋砾石充填层渗透率逐渐下降，且在初期下降速率较快，储层约 25%、筛网＋砾石充填层约 50% 的渗透率损失均在 120min 内完成，最终渗透率损失分别为 50%、89.97%～90.42%。

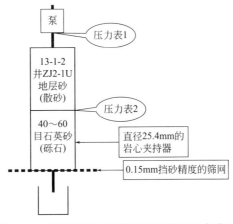

图 2-38　运移微粒伤害评价驱替装置示意附图

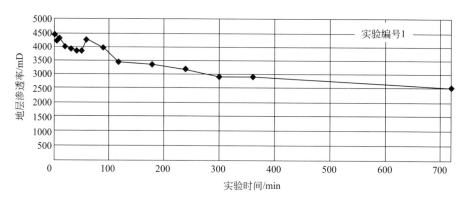

图 2-39　WC13-1-2 井 ZJ2-1U 油组样本
（40～60 目砾石配合 0.15mm 筛网防砂段储层渗透率变化情况 1♯）

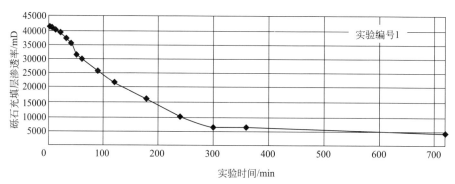

图 2-40　WC13-1-2 井 ZJ2-1U 油组样本
（40～60 目砾石配合 0.15mm 筛网模拟砾石充填层渗透率变化情况 1♯）

2.6.2.3　含水上升对微粒运移伤害影响评价

文昌油田群高产油井在初期大都并未表现出微粒运移伤害特征，油井见水后产液才开始逐渐下降。这是由于储层中存在不同润湿相的微粒，油井见水后储层中的水湿相微粒受到的牵引力增加，参与到运移的微粒中；近井地带复杂的渗流环境或造成油水乳化，形成的高黏度乳状液将会带动更多的微粒运移。

实验采用两台恒流泵以不同流速比模拟不同含水率，驱替 Wen19-1N-1 井取样岩心，对收集到驱替液进行粒度分析。实验结果见图 2-41～图 2-47、表 2-24，由实验数据看出：随着含水率的升高，驱替液中微粒的直径越大。说明含水率的增加，加剧了微粒运移的程度。

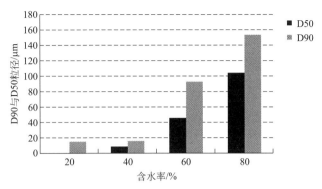

图 2-41　不同含水率驱出液中 D50 值和 D90 值

粒度特征参数

D(4,3):3.64μm	D50:0.21μm	D(3,2):0.23μm	S.S.A.:25.86m²/mL
D10:0.12μm	D25:0.14μm	D75:6.00μm	D90:14.08μm

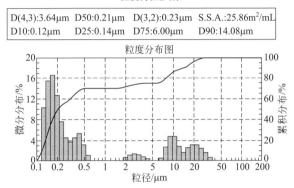

图 2-42　含水率 20％驱出液粒径分析图

粒度特征参数

D(4,3):8.50μm	D50:8.38μm	D(3,2):3.19μm	S.S.A.:1.88m²/mL
D10:1.29μm	D25:5.61μm	D75:11.55μm	D90:15.16μm

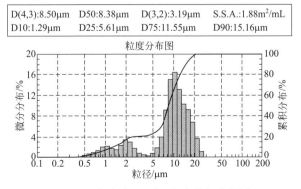

图 2-43　含水率 40％驱出液粒径分析图

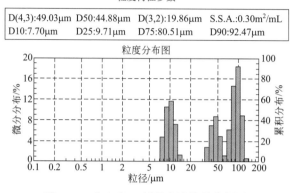

图 2-44　含水率 60％驱出液粒径分析图

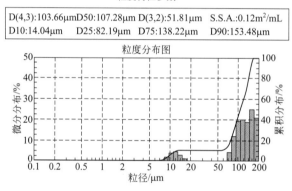

图 2-45　含水率 80％驱出液粒径分析图

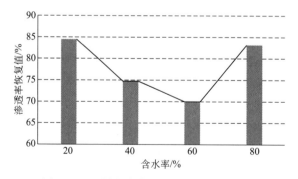

图 2-46　不同含水率对岩心渗透率的影响

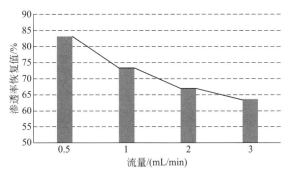

图 2-47 同一含水率不同驱替流量对岩心渗透率的影响

表 2-24 不同含水率驱出液中 D50 值和 D90 值

含水率/%	D50/μm	D90/μm
20	0.21	14.08
40	8.38	15.16
60	44.88	92.47
80	103.66	153.48

2.7 污水回注井堵塞伤害

润洲 11-4 油田于 2008 年 8 月开展回注污水，初期仅以三相油水分离器进行油水分离及水力旋流器分离较重的悬浮物颗粒，没有采用过滤器进行进一步的处理，截至 2012 年 6 月于平台安装了细过滤器。污水回注井 WZ11-4-A7、WZ11-4-A12b 于 2010 年 8 月出现了注水量大幅下降的趋势，如图 2-48 所示。为此，从储层敏感性、腐蚀结垢产物、固相悬浮物方面对污水回注井的伤害机理进行系统研究。

2.7.1 腐蚀结垢产物分析

（1）堵塞物外观 对 WZ11-4-A12b 井现场堵塞物，如图 2-49 所示，对堵塞物组成分析、无机物能谱和 X-衍射分析、无机物和有机物溶解特性评价。

（2）堵塞物成分 从萃取分离结果来看，见表 2-25，现场堵塞物中有机物含量较少，有机堵塞物和无机堵塞物含量分别为 3.88% ～ 7.26% 和 92.74% ～ 96.12%。堵塞主要由无机堵塞物引起。

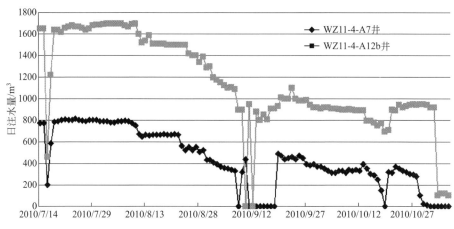

图 2-48　WZ11-4-A7 井和 WZ11-4-A12b 井注水量曲线

图 2-49　WZ11-4-A12b 井（左）和 WZ11-4-A7 井（右）现场堵塞物外观

表 2-25　现场堵塞物组成分析结果

堵塞物类型	堵塞物含量/%	
	WZ11-4-A7 井	WZ11-4-A12b 井
无机堵塞物	92.74	96.12
有机堵塞物	7.26	3.88

①无机物能谱分析　从能谱分析结果可知，如图 2-50 至图 2-54 所示，WZ11-4-A7 井现场堵塞物中主要含有 C、O、Mo、Fe、Zn、Cr、Cl、As、P、Si、Al、Ca 等元素，WZ11-4-A12b 井现场堵塞物中的无机物主要含有Fe、C、O、Mo、Cr、Cu、Ca、P、Si、Cl、Na 等元素。现场堵塞物中与管线腐蚀产物有关的元素占 31%～62.02%，见表 2-26，表明管线腐蚀产物占有较大比例。

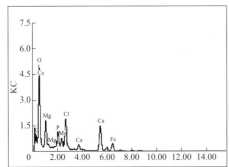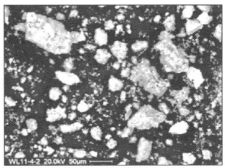

元素	质量分数/%	元素	质量分数/%
C K	16.48	Mo L	4.90
O K	30.75	Cr K	16.39
Na K	10.82	Fe K	6.68
Mg K	1.09	Zn K	0.00
Ca K	1.82	As L	0.00
Cl K	7.43	Al K	0.00
Si K	0.00	In L	0.00
P K	3.64	Cu K	0.00

图 2-50　WZ11-4-A7 井现场堵塞物能谱分析（a）

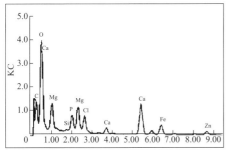

元素	质量分数/%	元素	质量分数/%
C K	22.46	Mo L	8.51
O K	27.18	Cr K	13.95
Na K	8.74	Fe K	6.64
Mg K	0.00	Zn K	5.90
Ca K	1.44	As L	0.00
Cl K	2.60	Al K	0.00
Si K	0.10	In L	0.00
P K	2.48	Cu K	0.00

图 2-51　WZ11-4-A7 井现场堵塞物能谱分析（b）

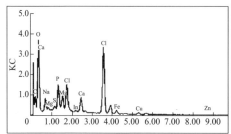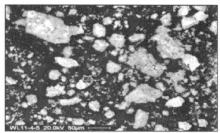

元素	质量分数/%	元素	质量分数/%
C K	12.95	Mo L	4.90
O K	22.63	Cr K	34.31
Na K	5.15	Fe K	2.55
Mg K	0.92	Zn K	0.00
Ca K	3.61	As L	0.00
Cl K	5.03	Al K	0.00
Si K	0.60	In L	0.66
P K	4.38	Cu K	2.31

图 2-52　WZ11-4-A7 井现场堵塞物能谱分析（c）

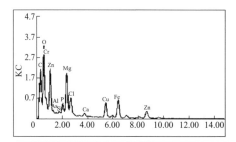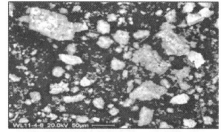

元素	质量分数/%	元素	质量分数/%
C K	29.49	Mo L	13.64
O K	21.08	Cr K	6.06
Na K	0.00	Fe K	11.03
Mg K	0.00	Zn K	9.55
Ca K	0.75	As L	2.10
Cl K	3.13	Al K	0.64
Si K	0.75	In L	0.00
P K	1.79	Cu K	0.00

图 2-53　WZ11-4-A7 井现场堵塞物能谱分析（d）

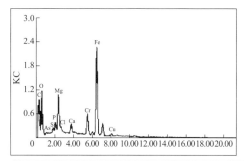 

元素	质量分数/%	元素	质量分数/%
C K	16.78	Mo L	10.22
O K	17.52	Cr K	6.37
Na K	0.68	Fe K	42.05
Mg K	0.00	Zn K	0.00
Ca K	1.57	As L	0.00
Cl K	0.69	Al K	0.00
Si K	0.73	In L	0.00
P K	1.26	Cu K	2.12

图 2-54　WZ11-4-A12b 井现场堵塞物中无机物能谱分析

表 2-26　涠洲 11-4 油田堵塞物中与管线腐蚀产物有关的元素组成情况

井号	含量/%									总和/%
	P K	Mo L	Cr K	Fe K	Zn K	As L	Al K	In L	Cu K	
WZ11-4-A7	1.79	13.64	6.06	11.03	9.55	2.10	0.64	0.00	0.00	44.81
	4.38	4.90	34.31	2.55	0.00	0.00	0.00	0.66	2.31	49.11
	2.48	8.51	13.95	6.64	5.90	0.00	0.00	0.00	0.00	37.48
	3.64	4.90	16.39	6.68	0.00	0.00	0.00	0.00	0.00	31.61
WZ11-4-A12b	1.26	10.22	6.37	42.05	0.00	0.00	0.00	0.00	2.12	62.02

　　② 无机物 X 衍射分析　从 WZ11-4-A7 井和 WZ11-4-A12b 井现场堵塞物中的无机物能谱和 X-衍射分析结果可知，如图 2-55、图 2-56、表 2-27 所示，堵塞物中的无机物主要为铁腐蚀产物、储层矿物和钙垢。

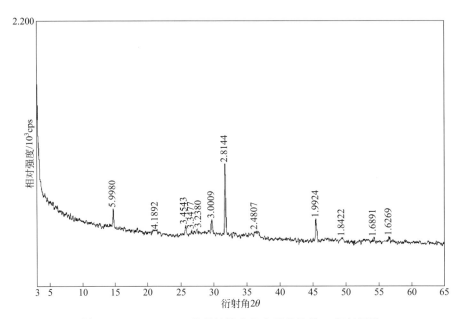

图 2-55　WZ11-4-A7 井现场堵塞物中无机物的 X 衍射图谱

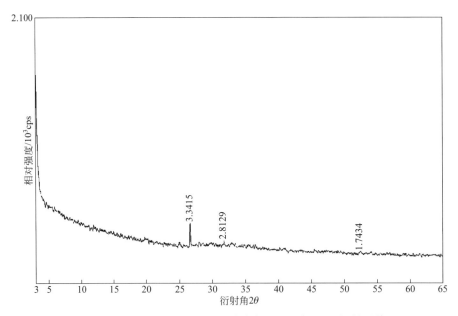

图 2-56　WZ11-4-A12b 井现场堵塞物中无机物的 X 衍射图谱

表 2-27　现场堵塞物中无机物的 X 衍射分析结果

井号	不同组成的含量/%			
	钙垢	铁腐蚀产物	石英	储层其他矿物
WZ11-4-A7	22.50	65.82	3.91	7.78
WZ11-4-A12b	4.24	93.96	1.80	0.00

③ 污水结垢趋势预测　注水过程主要是热力学发生变化，即注入水注入到井下其温度逐步升高，而对于纯注入水，不存在 CO_2 的影响，$CaCO_3$ 垢饱和指数按单相系统计算。对涠洲 11-4 现场注入水在不同温度下的硫酸盐垢和 $CaCO_3$ 垢饱和指数进行计算，结果见表 2-28，表明涠洲 11-4 现场注入水具有结碳酸钙垢的趋势。

表 2-28　涠洲 11-4 现场注入水自身结垢预测

水源	垢类型	温度/℃			
		45	55	65	75
现场注入水	$CaSO_4$	−1.10	−0.99	−0.89	−0.79
	$SrSO_4$	−0.95	−0.94	−0.93	−0.92
	$CaCO_3$	0.07	0.33	0.59	0.84

2.7.2　现场水样水质分析及岩心伤害评价

对现场取样回注污水，进行悬浮物含量、含油量、粒径中值、滤膜系数分析，实验结果见表 2-29，表明涠洲 11-4 油田现场水样含油量均能达标，但悬浮物含量和粒径中值则全部超标，细过滤器出口水样滤膜系数能满足指标要求。

表 2-29　涠洲 11-4 油田现场水样悬浮物含量、含油量、粒径中值和滤膜系数分析

样品来源	悬浮物含量 /(mg/L)	粒径中值 /μm	含油量 /(mg/L)	滤膜系数 MF/ [mL/(min·psi)][①]
现场注入水	12.71	10.76	1.33	6.55
WZ11-4 细过滤器进口水样	24.75	15.60	6.04	5.48
WZ11-4 细过滤器出口水样	12.48	5.33	2.39	17.49
2012 行标	≤10	≤4	≤30	≥10※

续表

样品来源	悬浮物含量 /(mg/L)	粒径中值 /μm	含油量 /(mg/L)	滤膜系数 MF/ [mL/(min·psi)]①
企业标准 C2	<10	<4	<30	—
涠洲 11-4 油田推荐水质指标	<8.080	<10	≤25	

① 1psi≈6894.76Pa。

现场取样时平台已开始注入防腐剂，所以实验评价过程中腐蚀产物较此前回注时要少，实验流程如下：① 选取人造岩心测量其长度（L）、直径（D）；② 烘干、称重、抽空，并用与单一注入水矿化度相同的 KCl 盐水饱和岩心，老化 40h 待用；③ 测量岩心的孔隙度（Φ）；④ 用 KCl 盐水加热到 75℃时测出岩心原始渗透率（K_o）；⑤ 在 75℃时用现场注入水驱替至 100PV 左右，中途多次记录驱替不同 PV 时的渗透率。

实验结果如图 2-57 所示，随着现场取样回注水的持续驱替，由于固相悬浮物、结垢等因素，其对岩心的伤害逐渐加剧，且对物性较差的岩心更为严重。

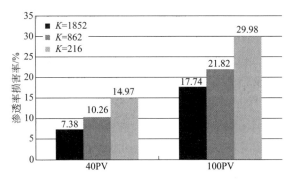

图 2-57　现场注入水对不同渗透率岩心综合堵塞损害评价

2.8　工作液与储层不配伍

南海西部采用了多套油、水基钻完井液体系，大部分井投产后产能达到预期，但同时存在部分单井投产后低于油藏预期，生产特征及取资料表现出储层伤害迹象。钻完井过程中，入井液流体与储层的不配伍、工作液间的不配伍等均会对储层造成伤害。针对不同区块常用的钻完井液及固井水泥浆体系进行伤害机理研究。

2.8.1 射孔液与钻井液间不配伍

在钻井过程中考虑到涠洲组泥岩段易坍塌，采用了油基泥浆（PDF-MOM）体系，添加剂中含有乳化沥青、沥青防塌树脂等封堵性材料。

油基泥浆封堵能力强，形成的泥浆滤饼较厚，尤其是其中的沥青防塌树脂和乳化沥青及氧化沥青等吸附能力强，不易清洗，在完井作业时易被刮落随压井液进入射孔段而堵塞地层。并且储层物性越好，进入的量越大，堵塞越严重。

配伍性实验流程如下：① 将岩样抽真空，建立束缚水，并用煤油正向测定岩样渗透率；② 钻井液在正压 3MPa 下反向循环钻井液 4h，反向驱替完井液 10PV，反向驱替射孔液 5PV；③ 再次驱替煤油正向测定伤害后岩心渗透率，通过比较岩心污染前后渗透率的变化，评价工作液顺序作业对储层的伤害程度。

实验结果如图 2-58 所示，由于工作液间的配伍性差，其射孔液与钻井液不配伍所生成的沉淀对储层造成堵塞，顺序工作液污染后的岩心存在约70%的渗透率下降。

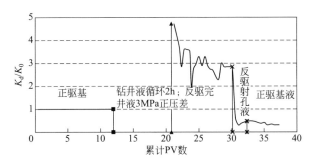

图 2-58 PDF-MOM 钻完井工作液顺序污染岩心伤害评价

2.8.2 固井水泥浆与钻井液间不配伍性

PLUS/KCl 体系主要应用于文昌 19-1 油田和文昌 19-1N 油田的定向井，以文昌 19-6 油田开发方案的开发评价井 Wen19-1-A13 井为例，进行其伤害机理研究。

取样现场采用的钻井工作液（PLUS/KCl 体系）、完井液（隐形酸体系）、固井水泥浆滤液等，在储层温度条件下进行工作液间的配伍性实验，结果见表 2-30。

表 2-30　文昌 19-1 油田工作液间配伍性实验

混合体系	温度/℃	颜色	透明度	沉淀	分层
固井水泥浆滤液：原油＝1：1	常温	黑色	否	无	无
	92	上黑、下褐	下透明	无	上油、下水泥浆滤液
固井水泥浆滤液：完井液＝1：1	常温	褐色	透明	无	无
	92	褐色	透明	无	无
完井液：原油＝1：1	常温	上黑、下无色	下透明	无	上油、下完井液
	92	上黑、下无色	下透明	无	上油、下完井液
钻井液滤液：原油＝1：1	常温	黑色	否	无	无
	92	上黑、下深褐	否	无	上油、下钻井液滤液
钻井液滤液：固井水泥浆滤液＝1：1	常温	深褐色	否	无	无
	92	深褐色	否	无	无
钻井液滤液：完井液＝1：1	常温	深褐色	否	无	无
	92	深褐色	否	有	无
钻井液滤液：固井水泥浆滤液：完井液＝1：1：1	常温	深褐色	否	无	无
	92	深褐色	否	有	无
钻井液滤液：固井水泥浆滤液：完井液：原油＝1：1：1：1	常温	深褐色	否	无	上油、下液
	92	深褐色	否	有	上油、下液
备注	钻井液滤液与完井液不配伍，生成深棕色絮凝状沉淀				

第3章

化学解堵工艺技术

　　南海西部在生产油气田储层物性不同、温压及流体性质差异较大、敏感性特征各异，在钻完井、生产及修井作业过程中造成储层伤害的因素多且协同叠加，表现出"1+1>2"的特征，动管柱修井作业过程储层保护难度大；因储层污染伤害造成生产井低产甚至无产出的井数多，约占低效井总数40%，极大地制约了产能（约1500m³/d）。

　　南海西部油田污染油井主要分布在涠洲11-4油田、涠洲12-1油田、涠洲11-1油田、涠洲11-1N油田、涠洲6-9油田、文昌13-1/2油田、文昌19-1油田及文昌14-3油田。而不同储层污染主因不同：北部湾盆地主力储层涠洲组、流沙港组潜在的强水敏、酸敏，且注（海）水开发，结垢、出砂等问题加剧储层伤害；文昌油田群主力油组珠江组、珠海组为海相沉积的砂岩储层，储层物性好，边底水能量充足，岩性以细砂岩、粉细砂岩为主，泥质含量高，存在一定的速敏，完井方式多采用筛管防砂完井，长水平井开发，微粒运移造成筛管及近井地带堵塞的情况较为严重。因此，亟需开展储层伤害井治理的攻关研究，解除污染伤害，释放产能，

　　为此，湛江分公司开展技术攻关，结合储层潜在伤害因素，在室内实验分析的基础上针对性构建解堵工作液体系，攻关重点目标靶区适用解堵

工艺技术，逐步形成水侵伤害储层解堵、复合解堵、高温非酸性解堵等工艺，实现提质增效的目的。

3.1　清除油基泥浆伤害技术

与水基钻井液相比较，油基钻井液具有能抗高温、抗盐钙侵、有利于井壁稳定、润滑性好和对油气层损害程度较小等多种优点，目前已成为钻高难度的高温深井、大斜度定向井、水平井和各种复杂地层的重要手段。但油基泥浆封堵能力强，形成的泥浆滤饼较厚，尤其是其中的沥青防塌树脂和乳化沥青及氧化沥青等吸附能力强，不易清洗，在完井作业时易被刮落随压井液进入射孔段而堵塞地层。并且储层物性越好，进入的量越大，堵塞越严重，后续需要针对性解堵措施进行清洗解堵。

3.1.1　技术原理

针对涠洲 11-1N 油田涠三段部分油井由于封堵性油基泥浆（PDF-MOM）造成的残余物堵塞、乳化堵塞以及在生产过程中有机质沉积伤害，在油基泥浆泥饼清除剂 PF-HCF（该油基泥浆泥饼清除剂在油田现场进行了推广应用，并取得了良好的应用效果）的基础上改进了溶剂、防乳破乳剂的类型，并调整了溶剂、防乳破乳剂的比例，增强了解除有机垢堵塞和乳化堵塞的能力，研制了解堵剂 PF-HCF。

3.1.2　体系构建及参数指标

解堵剂 PF-HCF 主要成分：有机酸＋清洗渗透剂＋溶剂型有机物＋黏土稳定剂＋缓蚀剂＋铁离子稳定剂＋防乳破乳剂组成。使用时采用过滤海水配制，可用 KCl 调节密度。

3.1.2.1　油基泥浆泥饼清洗效果评价

（1）实验步骤及评价方法　配制油基泥浆；在 0.7MPa 下，用 200mL 5#白油测定空白滤纸的滤失量，并称其重量 m_0；在 0.7MPa 下用 API 滤失法压制（时间为 30min）油基泥浆泥饼；取出压好的泥饼，拍照、称量 m_1 后，在 0.7MPa 下用 200mL 5#白油测定泥饼的 API 失水，并记录 7.5min 的滤失量 FL_{API1}；然后，取出泥饼分别放入装有 100mL 解堵液的表面皿中，在 89℃（油层中深的温度）下浸泡 60min；用镊子小心夹出泥饼，拍照、称重，最后用 200mL 5♯白油测定浸泡后泥饼的 API 失水，并记录 7.5min 的滤失量 FL_{API2}。

按下式计算浸泡前后油基泥浆泥饼滤失量变化率、泥饼失重率。

滤失量的变化率（％）＝（FL_{API2}－FL_{API1}）×100/FL_{API1}

泥饼失重率（％）＝（m_1－m_2）×100/（m_1－m_0）

（2）评价结果　解堵液对油基泥浆泥饼作用效果如表 3-1 所示，水基乳液解堵液浸泡前后泥饼现象如图 3-1 所示。

表 3-1　解堵液对油基泥浆泥饼作用效果

泥饼解除液	滤失量/(mL/7.5min)		滤失量变化率/%	泥饼重量/g		泥饼失重率/%
	FL_{API1}	FL_{API2}		m_1	m_2	
水基乳液解堵液	2.4	88s 漏完	42513.6	7.9	2.0	90.7

注：空白滤纸 7s 滤失量为 200mL；5♯白油浸泡后空白滤纸重量 m_0 为 1.4g。

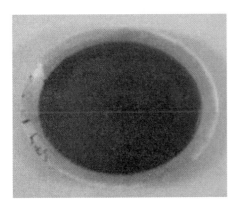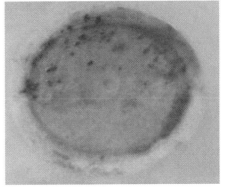

图 3-1　水基乳液解堵液浸泡前后泥饼现象

实验结果可以看出，在解堵剂中各种处理剂的共同作用下，浸泡后的油基泥浆泥饼不仅滤失量变化较大，而且泥饼失重率在 90％左右，具有较好的清除效果。

3.1.2.2　解堵剂解堵效果评价

（1）评价方法　参照石油天然气行业标准 SY/T6540—2002《钻井液完井液损害油层室内评价方法》。

选取人造岩心和回收的天然岩心（A12Sa 井涠洲组没有岩心），抽真空饱和 WZ11-1N-A12Sa 井模拟地层水，备用；配制油基泥浆和完井液；在 89℃下，测定正向煤油渗透率 K_1；在 89℃下，动态污染仪上用油基泥浆反向污染岩心 125min；去掉外泥饼后，然后反向挤入 2PV 的完井液，关井 120min；最后反向挤入 2PV 的解堵液，关井 120min；取出岩心，在 89℃下正向用煤油测定原始渗透率 K_2；计算渗透率恢复值 K_2/K_1。

（2）评价结果　WZ11-1N-A12Sa 井堵塞解除模拟实验效果如表 3-2 所示。

表 3-2　WZ11-1N-A12Sa 井堵塞解除模拟实验效果

岩心类型		人造岩心(1)	天然岩心(2)	天然岩心(3)
原始气测渗透率/mD		3268	2168	685.2
测 K_1	P_{max}/MPa	0.0054	0.0032	0.0109
	P_o/MPa	0.0030	0.0025	0.0050
	流量/(mL/min)	0.3	0.3	0.3
	驱替时间/min	100	195	217
	油相渗透率(K_1)/mD	564.4	381.9	138.0
污染介质		油基泥浆→完井液→解堵剂 PF-HCF		
解堵剂		解堵剂 PF-HCF		
测 K_2	P_{max}/MPa	0.0067	0.0038	0.0160
	P_{os}/MPa	0.0032	0.0024	0.0054
	流量/(mL/min)	0.3	0.3	0.3
	驱替时间/min	220	250	280
	油相渗透率(K_2)/mD	528.2	395.2	141.6
渗透率恢复值(R_{os})/%		93.6	103.5	102.6

从岩心驱替评价结果可知：解堵剂对油基泥浆和完井液系列污染后的岩心具有较好的解除效果，渗透率恢复值均在 90% 以上，部分甚至还超过了 100%。

3.1.3　典型应用案例

涠洲 11-1N 油田 A12Sa 井在钻井过程中采用的是封堵性油基泥浆（PDF-MOM），目的层段固井完工后套管内壁仍黏附有部分油基泥浆，当用水基工作液进行完井时，对黏附的油基泥浆不易彻底清除，在完井作业时易被刮落随压井液进入射孔段而堵塞地层。进入储层的油基泥浆滤液与完井液、地层水均存在轻微的乳化现象，而且原油与完井液也存在明显的乳化增稠现象。油基泥浆中添加了一些沥青类封堵材料，油基泥浆中细小颗粒可能随滤液进入储层，堵塞储层。针对油基泥浆泥饼的成分，构建了 PF-HCF 解堵液体系并于 2011 年 12 月进行了现场应用。

3.1.3.1　解堵剂用量设计

油基泥浆伤害解堵的主要目的层 $W_3Ⅱ$、$W_3Ⅲ$ 油组，根据油层数据计算其平均孔隙度为 25.9%，射孔段长度为 47.6m，见表 2-20。解堵剂处理半径根据实验情况按照 0.5m 设计，则需要配制好的解堵剂溶液的用量 V 为：

$$V = \pi R^2 L \Phi a = 3.14 \times 0.5 \times 0.5 \times 47.6 \times 0.259 \times 1.5 = 14.55 \text{m}^3$$

$$(3-1)$$

式中　R——解堵液注入地层半径，按 0.5m 计算；

　　　L——射孔段长度，本井为 47.6m；

　　　Φ——储层段平均孔隙度，25.9%；

　　　a——药剂用量系数，取 1.5。

为方便后续施工，本次解堵作业取配制好的解堵剂溶液的量设计为 15m³。

WZ11-1N-A12Sa 井射孔段数据如表 3-3 所示。

表 3-3　WZ11-1N-A12Sa 井射孔段数据

| 层系 | 油组 | 射孔井段（TMD）/m | | 射孔长度/m |
		顶深	底深	
一	$W_3Ⅱ$	2129.0	2137.4	8.4
	$W_3Ⅱ$	2155.7	2165.8	10.1
	$W_3Ⅲ$	2188.2	2202.5	14.3
	$W_3Ⅲ$	2205.7	2220.5	14.8
	小计			47.6
二	$L_1Ⅱ_上$	2661.6	2693.0	31.4
本次射孔长度合计				79.0

3.1.3.2　挤注参数及挤注程序表

参考该地区 WZ11-4N-6 井涠洲组地层漏失试验记录，地层承压试验压力当量密度为 1.802g/cm³，则 WZ11-1N-A12Sa 井 $W_3Ⅱ$、$W_3Ⅲ$ 油组油层中深 1570（TVD）处的破裂压力为 28.3MPa。

井口最高注入压力＝井底注入压力（破裂压力的 85%）－井筒静水柱

压力＋摩阻损失

　　井口最高注入压力按照破裂压力的 85％ 设计，井底注入压力为 24.0MPa，摩阻损失约为 2.0MPa，则井口最高挤注压力 10.0MPa。解堵液挤注量及挤注程序表见 3-4。

表 3-4　解堵液挤注程序表

步骤	施工内容	泵注压力 /MPa	施工排量 /(m³/min)	注入量 /m³	累计注入量 /m³	备注
1	正挤柴油	≤10	0.5~1.0	3	3	在压力允许范围内，排量尽量上调
2	正挤解堵剂 PF-HCF 溶液	≤10	0.5~1.0	15	18	
3	正挤过滤海水	≤10	0.5~1.0	6	24	

3.1.3.3　现场实施情况及效果分析

　　根据解堵工艺设计，现场泵注施工曲线图见图 3-2。

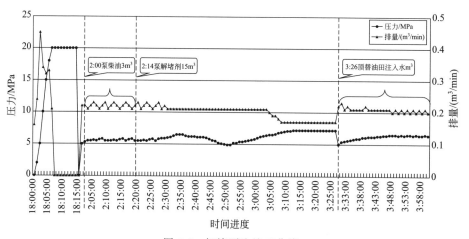

图 3-2　解堵泵注施工曲线

　　泵注解堵剂的过程中出现泵注压力稍微上升的现象，分析认为：这与解堵剂溶液有一定的黏度有关。单井计量曲线如图 3-3 所示。

　　解堵后该井的测试产油量从解堵前的 73m³/d 上升到 275m³/d，日增产油量 202m³。截至 2012 年底实现增油 $4.52 \times 10^4 m^3$，预计可实现累增油 $13.62 \times 10^4 m^3$，取得了很好的增油效果。

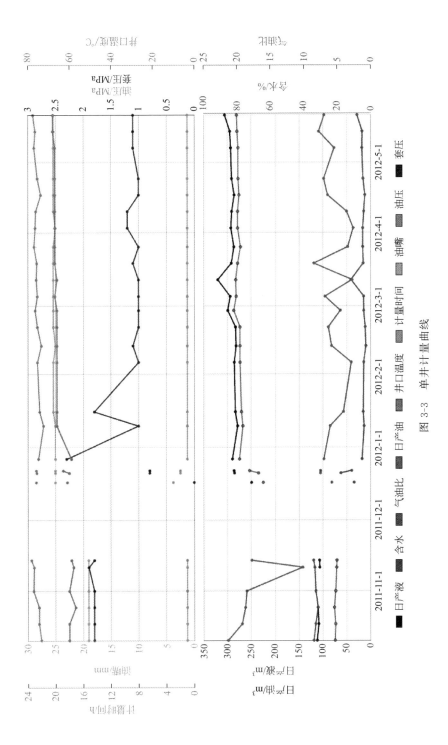

图 3-3　单井计量曲线

3.2　水侵伤害治理技术

海上低渗储层修井过程由于储保不利，极易受到外来液体伤害。涠洲12-1油田主力油组为典型中-低孔中-低渗储层，黏土矿物以伊蒙混层、绿泥石为主。据统计，该区块85％的生产井由于修井液漏失造成储层伤害，修井后产能下降甚至无产出，严重制约区块产能。酸化解堵作为油田增产的常用措施被广泛使用，但涠洲12-1油田储层酸敏性较强，用酸不当易出现二次伤害，亟待研发新型解堵体系提高区块产能。

3.2.1　技术原理

针对已水侵伤害的储层，提出了治理措施如下：一是有机解堵技术，解除近井地带原油堵塞，提高近井地带含油饱和度；二是水敏解除技术，主要取决于黏土稳定剂的作用，可对储层中已水化膨胀的黏土矿物起到缩膨作用；三是水锁解除技术，主要通过添加表面活性剂改变岩石润湿性，降低界面张力，减小毛细管阻力，提高自返排性；四是无机垢解除技术，通过无机解堵液解除钻完修作业过程中产生的无机垢和铁腐蚀产物等，同时起到扩孔作用；五是降压助排技术，通过添加降压助排剂，协同防水锁剂，不仅能改变岩石表面润湿性，降低含水饱和度，而且还能降低界面张力，减小毛细管阻力，增强返排能力，提高产能。

3.2.2　体系构建及参数指标

3.2.2.1　核心处理剂筛选

（1）有机解堵剂优选　油井生产过程中由于低产可能导致原油重质组分在储层及管柱析出，堵塞油流通道，导致产量下降。有机解堵剂一方面能够溶解原油重质组分清洗油流通道，另一方面提高近井地带含油饱和度，降低含水饱和度，有利于水锁解除。

根据涠洲12-1油田原油分析结果，根据相似相容原理，采用白油和改性脂肪酸酯复配形成有机解堵剂OTY。有机解堵剂OTY不同条件下对油垢进行溶解，结果见表3-5。

表 3-5　OTY 对油垢溶解性能评价结果 ┊------------------------

油样	油垢质量/g	90℃，1h		90℃，3h	
		溶解后油垢质量/g	溶解率/%	溶解后油垢质量/g	溶解率/%
1 号原油	5.0993	1.5582	69.44	0.0000	100
2 号原油	4.9682	1.6118	67.56	0.0000	100

由表 3-5 可知，在储层温度下 3h 后，OTY 对原油形成的油垢溶解率达到 100%，能够有效分散原油中蜡和沥青质等重质组分，现场作业过程中有利于清洗管柱及疏通渗流通道。

（2）有机酸解堵液　常用土酸（氢氟酸与盐酸的混合物）及盐酸酸化过程反应速度快，酸液有效距离短，酸化后易破坏储层岩石骨架，导致二次沉淀。有机膦酸类解堵剂 HY-A，通过多级水解反应释放 H^+，可控制酸岩反应速度。同时膦酸分子中的易解离羟基可以同金属离子配位，形成多核络合物，其螯合作用可以抑制二次沉淀的产生。考察了 HY-A 对岩屑的溶蚀率及岩心渗透率变化情况，并与常用土酸进行对比，结果见表 3-6、表 3-7 所示。

表 3-6　复合有机酸、常规土酸处理后岩心的渗透率变化情况 ┊------------------

岩心	酸液	流动介质	流量/(cm³/min)	渗透率/mD		变化率/%	酸敏
				注酸前	注酸后		
1 号	12%HCl+3%HF	KCl 盐水	0.1	12.21	5.32	−56.42	偏强
2 号	8%HY-A	KCl 盐水	0.1	12.38	13.32	+7.59	无

表 3-7　复合有机酸、常规土酸与砂岩岩粉的溶蚀率 ┊------------------

酸液体系	溶蚀率/%	
	2h	4h
海水+5%复合有机酸 HY-A	3.52	3.82
海水+8%复合有机酸 HY-A	4.15	4.62
海水+10%复合有机酸 HY-A	6.21	6.66
12%HCl+3%HF	15.12	16.26

由表 3-6、表 3-7 可知，HY-A 岩屑溶蚀率远低于土酸，8% 时溶蚀率不足 5%，对岩心具有弱溶蚀作用且无二次伤害，可在增产的同时保护储层岩石骨架。

（3）降压助排剂　润湿性决定着油藏流体在岩石孔道内的微观分布，

常用有机醇改变储层润湿性。对 4 种有机醇的接触角及表面张力进行测定，并充分考虑运输安全问题，结果见表 3-8。

表 3-8　有机醇安全性和润湿性对比评价结果

有机醇	加量/%	闪点/℃	接触角(°)	气液表面张力/(mN/m)
工业甲醇	10	11	13.6920	42.6
	30		10.0231	38.1
工业乙醇	10	14	19.1420	37.8
	30		16.0480	35.6
乙二醇	10	116	20.3790	65.2
	30		17.7570	60.6
SAT-1	10	74	6.3730	28.7
	20		0.0000	26.0

由表 3-8 可知，SAT-1 闪点为 74℃，较工业甲醇、乙醇安全性高；随着加量的增加，20%SAT-1 接触角为 0°，实现完全水湿。此外 SAT-1 气液表面张力低至 26mN/m，根据 Laplace 公式，较低的表面张力有利于水锁伤害解除及后期解堵返排。

（4）防水锁剂　水锁伤害是由于外来的水相流体渗入油气层孔道后，形成一个凹向油相的弯液面，任何弯液面都存在毛细管阻力，其大小与两相表/界面张力成正比。因此可以借助降低两相表/界面张力减小毛细管压力来消除水锁伤害。

实验收集了国内多个厂家多种型号的 20 种表面活性剂，对表面活性剂溶液（海水＋2.0%样品）的浊度、外观、气-液表面张力以及与目标储层原油的油-液界面张力进行了测定，结果见表 3-9。

表 3-9　表面活性剂对气-液表面张力和油-液界面张力的影响

序号	表面活性剂	浊度/NTU	起泡率/%(10min)	气-液表面张力/(mN/m)	油-液界面张力/(mN/m)	类型
1	SAA	0.2	280	31.1	1.22	脂肪醇氧乙烯醚
2	JFC	10.2	150	26.8	1.41	
3	A-20	0.2	215	41.7	7.23	
4	WL	0.8	80	29.4	1.19	有机硅类
5	WN	0.9	100	30	1.49	

续表

序号	表面活性剂	浊度/NTU	起泡率/%（10min）	气-液表面张力/（mN/m）	油-液界面张力/（mN/m）	类型
6	HLG	0.8	50	28.4	1.2	氟碳类
7	TC	0.9	80	31.6	1.24	
8	HY-1	0.2	25	28.6	0.36	
9	HY-2	0.9	25	30.3	0.38	
10	FT-2	0.1	5	18.8	0.32	
11	YRPS-1	128.6	—	—	1.3	石油磺酸盐类
12	YRPS-2	158.8	—	—	0.63	
13	YRPS-3	126.8	—	—	1.01	
14	ABS	10.2	315	38.8	5.23	烷基苯磺酸盐
15	OP-10	0.2	275	40.4	4.98	脂肪醇氧乙烯醚
16	AES	0.2	425	37.8	6.25	烷基硫酸盐类
17	TWEEN20	0.2	150	36.9	9.21	聚氧乙烯酯
18	1227	0.2	280	39.5	15.21	烷基铵
19	JLX-C	0.5	1	41.3	10.92	聚合醇
20	HAR-D	38.6	0.5	32.5	7.81	硅氧类

从表中 20 种表面活性剂的对比评价结果来看，能同时满足修井液浊度小、起泡少、气-液表面张力小和油-液界面张力低的表面活性剂为氟碳类非离子表面活性剂 FT-2。因此，确定了表面活性剂 FT-2 为水侵伤害预防修井液与治理解堵液体系的防水锁剂，防水锁剂 FT-2 可明显降低气-液/油-液界面张力，起到预防和解除水锁损害的作用。

（5）黏土稳定剂　采用膨润土、岩心粉对市售 10 余种不同种类黏土稳定剂进行筛选，用量参考厂家提供的信息，具体过程参照 SY/T5971-2016《油气田压裂酸化及注水用黏土稳定剂性能评价方法》，结果见表 3-10。

表 3-10　防膨剂筛选结果表

序号	黏土稳定剂	加量/%	防膨率/%（膨润土）	防膨率/%（岩心粉）
1	AQ-504-1	2	79.3	40.6
2	AQ-504-2	2	77	18.5
3	AQ-504-3	2	77	29.4

序号	黏土稳定剂	加量/%	防膨率/%(膨润土)	防膨率/%(岩心粉)
4	AQ-504-4	2	74.8	64.3
5	ZCYC-05	5	73	36.8
6	ZCYC-05A	5	83.8	48.6
7	ZCYC-02B	10	88.3	19.9
8	HAS-A	2	77	32.3
9	HAS-B	2	86	47.9
10	HCS-E	5	77	27.6
11	HCS	2	85.8	72.8
12	HW	5	90.5	81.6
13	BC-61	5	88.3	73.9
14	JC-931	2	81.4	34.8
15	PR-CS-851	10	85.1	68.3
16	QY-1	2	89.2	86.6

由表 3-10 可知，QY-1 黏土稳定剂膨润土防膨率 89.2%，岩心粉防膨率 86.6%，性能优于其他产品。QY-1 黏土稳定剂为阳离子有机聚合物黏土稳定剂，该稳定剂利用正电性官能团在黏土表面发生多点吸附，具有用量少、吸附能力强、受 pH 值影响小、对地层适应力强等优点。

根据上述核心处理剂的研究结果，添加必要防水锁剂、黏土稳定剂及缓蚀剂，确定工作液配方：前置液为有机解堵剂 OTY；降压助排防水锁液为海水＋20%降压助排剂 SAT-1＋4%防水锁剂 FT-2＋2%黏土稳定剂 QY-1；有机酸解堵液为海水＋8%复合有机酸 HY-A＋2%防水锁剂 FT-2＋2%黏土稳定剂 QY-1＋3.0%缓蚀剂 HS-B；顶替液为海水＋2.0%黏土稳定剂 QY-1＋2%防水锁剂 FT-2。

3.2.2.2 性能指标评价

（1）配伍性 解堵液体系与地层水以不同比例混合，在 110℃、常压、密闭 12 h 实验条件下，观察实验前后溶液的变化情况。结果表明解堵液（除有机解堵液）与地层水混合均一，无分层、无沉淀现象。

解堵液与储层原油以不同比例混合，搅匀后用 BrookFiled-Ⅱ＋可编程旋转黏度计测定 50℃时的黏度值。结果表明未出现乳化增稠、酸渣现象。

（2）基础性能 对解堵液体系性能进行评价，包括防膨率、表面张力、腐蚀速率、润湿角及解堵性能等，结果见表3-11。

表 3-11　解堵体系基础性能一览表

修井液	防膨率/%	表面张力/(mN/m)		平均腐蚀速率/[g/(m²·h)]	润湿角/(°)	岩心渗透率恢复率/%
		气液界面	油液界面			
防水锁降压助排液	98.5	17.8	0.09	0.0268	0.000	99.0
前置液	100.0	23.1	无界面	0.0196	180.000	97.8
有机酸解堵液	93.8	21.2	0.32	0.9869	8.805	120.0
顶替液	92.6	20.8	0.68	0.0238	9.277	99.0

由表3-11可知，解堵液体系中各工作液的防膨率均高于90%，具有良好防水敏作用；表面张力在20mN/m左右，润湿角小于10°，利于解堵后酸液返排；有机酸解堵液平均腐蚀速率为0.9869g/（m²·h），符合行业标准SY/T5405—1996中一级品的要求；岩心渗透率恢复值超过95%，未造成二次污染伤害，性能指标均能满足井要求。

（3）综合解堵性能评价　使用海水、修井液对岩心进行污染后，采用解堵液体系进行解堵。以H13#岩心为例，岩心初始渗透率为2.45mD，采用5倍孔隙体积的海水、修井液污染岩心，渗透率下降至0.47mD，岩心伤害率为80.9%。反向挤入1倍孔隙体积降压助排防水锁液和2倍孔隙体积有机酸解堵液，反应4h后，岩心渗透率恢复至2.41mD，岩心渗透率恢复率分别为98.2%，基本解除储层伤害，具体结果见表3-12。

表 3-12　叠加水侵伤害与解除效果评价结果

井号	WZ12-1-B33	WZ12-1-B33
岩心号	H13#	14#
气测渗透率/mD	16.9	16.7
岩心长度/cm	6.51	6.6
岩心直径/cm	2.48	2.48
岩心孔隙度/%	14.3	13.3
岩心油相渗透率（K_1）/mD	2.45	2.32
反向挤入5PV	A10井油田注入水	
第一次污染后岩心渗透率（K_2）/mD	0.5	0.41
第一次水侵伤害率/%	79.7	82.1

井号	WZ12-1-B33	WZ12-1-B33
反向挤入 5PV	A10 井油田注入水＋2％HCS	
第二次污染后岩心渗透率(K_3)/mD	0.49	0.39
第二次水侵累计伤害率/％	80.1	83.1
反向挤入 5PV	海水＋2％PF-HCS＋1.5％PF-HTA＋0.6％PF-HDM＋1％PF-CA101	
第三次污染后岩心渗透率(K_4)/mD	0.47	0.38
第三次水侵累计伤害率/％	80.9	83.7
反向依次挤入	2PV 无机解堵液,关井 4h 后,再挤入 1PV 降压助排防水锁液,反应 1h	
岩心油相渗透率(K_5)/mD	2.41	2.22
岩心渗透率恢复值/％	98.2	96

3.2.3　典型应用案例

水锁伤害主要发生在低渗储层,目前南海西部主要采用水侵伤害防治体系对水锁伤害进行解除。水侵伤害防治体系目前在 WZ12-1-B20 井进行了现场应用并取得了较好的应用效果。WZ12-1-B20 井 2009 年 4 月修井后曾频繁欠载。经分析,该井 $W_4 II$(D)油组存在水锁伤害。下面对具体应用情况进行说明。

3.2.3.1　解堵剂用量设计

B20 井解堵目的层厚 39m,平均孔隙度取值为 15.8％。药剂用量采用容积法计算,有机解堵液主要用于清洗地层原油,解堵半径考虑 1.5m;降压助排防水锁液主要用于降低返排压力,考虑半径 0.5m;无机解堵液主要用于对储层渗流通道进行疏通,解堵半径考虑 1.0m。具体用量见表 3-13。

表 3-13　解堵液规模设计表

液体名称	设计用量/m³	附加量/m³	备注
清洗液	20	5	有机解堵液
前置液	5	5	降压助排防水锁液
主体酸	20	5	无机解堵液
顶替液	149	30	防水锁压井液

续表

液体名称	设计用量/m³	附加量/m³	备注
总液量	194	45	—

3.2.3.2　施工参数及泵注程序

涠洲 12-1 油田中块三井区涠四段地层破裂压力系数 2.13，WZ12-1-B20 井垂深 2988m，对应的破裂压力预计 62MPa。解堵泵注压力按照破裂压力的 80% 设计，摩阻取 2.0MPa，减去液柱的静压力 29.88MPa，施工泵压不大于 20MPa，根据设备的能力，泵注过程采用限压，不限排量的方式，泵注程序间表 3-14。

表 3-14　酸液泵注程序

序号	施工内容	泵注压力/MPa	注入液量/m³	累计注入量/m³	备注
1	正挤有机解堵液	<20	25	25	对 W4Ⅱ(D)油组进行解堵作业
2	降压助排防水锁液	<20	10	35	
3	正挤顶替液	<20	20	55	
4	关井反应 4h				
5	无机解堵液	<20	25	80	
6	正挤顶替液	<20	20	100	
7	关井 5h 后,启动电潜泵返排残液,加碱中和				

3.2.3.3　现场实施情况及效果分析

从图 3-4 泵注曲线可以看出，前期灌液、清洗液及前置液注入过程中，在不超过设计 20MPa 压力下，提高排量 0.25～0.4m³/min，地层吸液能力良好。当有机解堵液进入地层后，泵压上升超过设计压力 20MPa，只能降低排量，间歇性注入，这主要是由于有机解堵液溶解了管柱内的油泥被顶替液顶替储层所致。当主体酸进入地层后，泵压逐渐下降，增大排量，持续注入，说明地层被复合解堵液再次疏通，吸液能力增加，此次复合解堵作业初见成效。

解堵作业后，共计返排解堵液 139.6m³，加碱中和 pH 达到 7，注入生产流程。解堵后，该井日产油 654m³/d，较解堵前 2m³/d，日增油 650m³/d，采油指数由 1.5m³/(d·MPa) 增至 65m³/(d·MPa)，产能提高 43 倍。受海管输送能力的限制，B20 井已调小油嘴(油嘴开度由 20/64″调整为 8/64″)，自喷生产，每日产液 184m³，产油 183m³，产气 15773m³，含水率 0.2%，累增

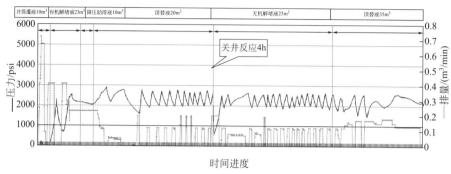

图 3-4　解堵施工曲线

油超过 $3 \times 10^5 m^3$，目前持续有效。具体参数见图 3-5。

3.3　弱凝胶堵塞解除技术

低渗储层修井过程为避免工作液进入储层造成伤害，沿用了钻井过程的 PRD 钻开液封堵地层。PRD 钻开液是由清水和无机盐配成的盐水体系，并用 VIS 等大分子作为提切剂和 FLO 等作为降滤失剂。对于中高渗储层结合储层孔喉大小，还加入 3%～5% 不同粒径级配的酸溶性暂堵剂 QWY 加强封堵，减少漏失。由于 PRD 体系是聚合物体系，具有大分子链长、黏度高特点，一旦被挤入地层，容易吸附、滞留在孔隙中，造成油气受阻，导致油气井产能降低，必须进行专门的破胶工序。但修井过程无专门修井管柱导致仅能依靠储层温度进行自破胶，导致堵塞地层，需开展针对性技术攻关。

3.3.1　技术原理

针对流一段储层存在修井过程中的 PRD 堵塞伤害，利用复合有机酸破坏 PRD 中高分子间的协同作用，将 PRD 降解为易于返排的小分子聚合物、CO_2 和 H_2O。此外，复合有机酸为弱酸（pH 为 2～3），能够与碳酸盐类矿物发生反应，溶解沉积的无机垢、改善储层渗透率；添加铁离子稳定剂、缓蚀剂可以防止管柱腐蚀；添加黏土稳定剂可以防止黏土膨胀、分散、运移；添加助排剂可以降低工作液体系的界面张力，提高返排效果。

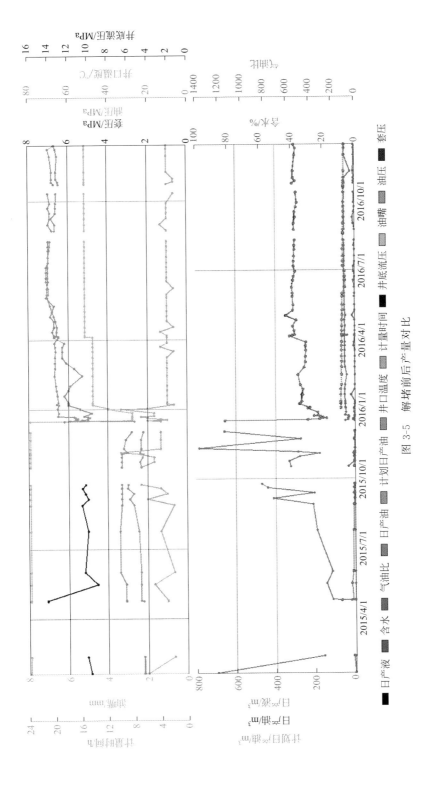

图 3-5　解堵前后产量对比

3.3.2　体系构建及参数指标

针对流一段储层存在修井过程中的 PRD 堵塞伤害，构建了有机弱酸性解堵液体系。有机弱酸性解堵液由有机解堵剂（HJD-Y）和无机解堵剂（HJD-W）组成。

有机解堵剂（HJD-Y）主要成分为改性脂肪酸酯和白油（强溶解性的复合溶剂型有机物）；无机解堵剂（HJD-W）主要成分为复合有机酸＋铁离子稳定剂＋缓蚀剂＋黏土稳定剂＋助排剂。

3.3.2.1　复合解堵液破胶性能评价

采用直接破胶法对解堵液的破胶性能进行评价，实验结果见表 3-15。无机解堵液中的复合有机酸对 PRD 有较好的破胶作用，且破胶率随着时间有所增长。

采用稀释破胶法，配制了 PRD：无机解堵液为 1∶4 的溶液进行破胶，实验结果见表 3-16，无机解堵液对井筒内残余 PRD 有明显的破胶作用。

表 3-15　直接破胶法

原 $\Phi600$	复合有机酸加量/%	破胶时间/h	破胶后 $\Phi600$	破胶率/%
85	3	3	31	63.5
88	3	5	26	70.4
86	3	6	22	74.4

表 3-16　稀释破胶法

比例	原 $\Phi600$	破胶时间/h	破胶后 $\Phi600$	破胶率/%
PRD：无机解堵液＝1∶4	9	3	4	55.5
	9	5	3	66.7
	9	6	2.5	72.2

3.3.2.2　复合解堵液与地层原油配伍性评价

在室内将原油分别与有机解堵液、无机解堵液以 10∶0、9∶1、8∶2、6∶4、5∶5、4∶6、2∶8、1∶9、0∶10 比例进行混合；在 50℃恒温水浴锅中恒温、搅匀后用 BrookFiled-Ⅱ＋可编程旋转黏度计测定 50℃时的黏度值。从图 3-6 可知，随着原油中两种解堵剂含量的增大，混合液的表观黏度值一直呈下降趋势，说明两种解堵液与原油的配伍性较好。

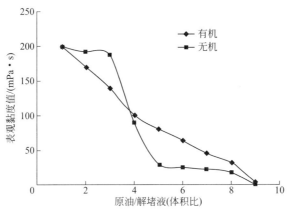

图 3-6　解堵液与地层原油的配伍性评价

3.3.2.3　复合解堵液综合解堵性能评价

用储层岩心（1♯、2♯）开展复合解堵液综合解堵性能评价。先将岩心抽真空后饱和地层水，老化 40h 后用煤油测得基准渗透率分别为 $K_{11}=14.27\text{mD}$、$K_{12}=88.27\text{mD}$。用 PRD 对岩心进行污染后注入无机解堵液，最后用煤油反驱测得解堵后渗透率分别为 $K_{21}=14.65\text{mD}$、$K_{22}=94.58\text{mD}$，渗透率恢复率在 100% 以上，证明无机解堵液对 PRD 具有良好的破胶能力。效果评价如表 3-17 所示。

表 3-17　PRD 污染后解堵液解堵效果评价

井号	X	X
岩心编号	1♯	2♯
岩心直径/cm	2.53	2.53
岩心长度/cm	5.06	5.12
气测渗透率/mD	85.34	426.32
平衡压力/MPa	0.0275	0.0045
渗透率(K_1)/mD	14.27	88.27
污染介质	PRD→无机解堵液	PRD→无机解堵液
返排时平衡压力/MPa	0.0268	0.0042
解堵后渗透率(K_2)/mD	14.65	94.58
渗透率恢复率/%	102.6	107.1

3.3.3 典型应用案例

PRD 修井液伤害的典型井为 WZ11-1N-A15 井。该井于 2013 年 9 月，进行常规检泵作业，期间使用了弱凝胶型 PRD 修井液。由于该类型修井液对油层封堵性较强，作业结束后未进行破胶处理，造成修井后产量下降；同时，分支油管表面存在结垢。使用"段塞解堵"技术，前面注入一定量的有机解堵液 HJD-Y，解除原油乳化和有机质造成的堵塞；然后注入无机解堵液 HJD-W，对修井液进行破胶，解除无机垢造成的堵塞。

3.3.3.1 解堵剂用量设计

解堵剂用量见表 3-18。

表 3-18 解堵液用量表

名称	用量设计/m³	使用方法
有机解堵剂（HJD-Y）	12	原液直接使用
无机解堵剂（HJD-W）	52	与过滤海水按 1∶1 进行配制

3.3.3.2 施工参数及泵注程序

泵压计算按照公式：80%破裂压力－静液柱压力＋摩阻。照 WZ11-1N-4 井地漏实验数据，地层破裂压力值取 37MPa，WZ11-1N-A15 井垂深 2006m。施工过程中，摩阻约为 2.0MPa。因此计算得施工泵压不大于 12MPa。设计排量在泵压不超过设计上限的情况下尽量上提，泵注参数见表 3-19。

表 3-19 WZ11-1N-A15 井解堵液泵注顺序表

序号	施工内容	泵注压力/MPa	注入液量/m³	累计注入量/m³	备注
1	有机解堵剂	＜12	7	7	
2	顶替液（过滤海水）	＜12	8	15	
	浸泡 4h				对上部产层进行解堵
3	无机解堵液	＜12	60	75	
4	顶替液（过滤海水）	＜12	8	83	
	浸泡 4h				
	返排 90m³				

续表

序号	施工内容	泵注压力/MPa	注入液量/m³	累计注入量/m³	备注
5	有机解堵剂	<12	5	88	对下部产层进行解堵
6	顶替液（过滤海水）	<12	8	96	
浸泡 4h					
7	无机解堵剂	<12	44	140	
8	顶替液（过滤海水）	<12	8	148	
浸泡 4h					
返排 70m³					

3.3.3.3　现场实施情况及效果分析

该有机弱酸性解堵液于 2014 年 3 月 6 日至 2014 年 3 月 16 日在 WZ11-1N-A15 井进行了现场应用。该井生产层位为 $L_1 II_上 + L_1 II_下$，$L_1 II_下 + L_1 IV_{上B}$ 油组。解堵时，先对上部产层解堵，再对下部产层解堵，曲线见图 3-7 及图 3-8。

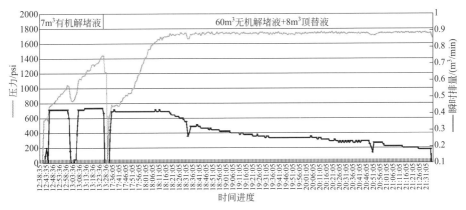

图 3-7　上部储层解堵作业时的施工曲线

（1）解堵上部储层

泵注有机解堵液：泵注有机解堵液 7m³，顶替液 8m³，泵压 5~8MPa，排量 25m³/h，关井反应 4h。

泵注无机解堵液：泵注无机解堵液 60m³，顶替液 8m³，泵压 12MPa，排量 12~25m³/h，反应 4h。

返排：电压 878V，电流 18A，频率 47Hz，井口压力 4.2MPa，井口温度 22.1℃，井下压力 14.5MPa，加碱中和至返排出 pH6~7，累计排液

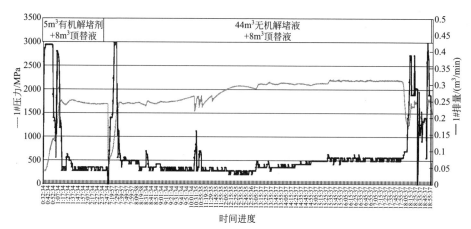

图 3-8　下部储层解堵作业时的施工曲线

90m³左右。

（2）解堵下部储层

泵注有机解堵液：泵注有机解堵液 6m³，泵压 5～10MPa，排量 25m³/h；泵注顶替液 8m³，泵压 12MPa，排量逐渐降至 3m³/h，关井反应 4h。

泵注无机解堵液：泵注无机解堵液 44m³，泵压 12～15MPa，排量 3m³/h；泵注顶替液 8m³，泵压 10MPa，排量 12～20m³/h，反应 4h。

返排：电压 878V，电流 24A，频率 47Hz，井口压力 4MPa，井口温度 30℃，井下压力 11.0MPa，加碱中和至返排 pH 为 6～7，累计排液 85m³ 左右。

解堵上部产层时，随着解堵液的泵入，泵注压力并没有明显降低，特别是泵注无机解堵液时，随着泵注速度的降低施工压力并无明显变化。此现象可能是由于 PRD 堵塞渗流通道，造成解堵液进入储层困难。解堵下部产层时有类似现象。

该井解堵前产液量为 51.34m³/d，产油量 28.9m³/d，含水率 43.71%。解堵后产液量 135m³/d，产油量 41 m³/d，增产 12 m³/d，具体见图 3-9。复合解堵液能够对 PRD 较好地破胶，对储层中 PRD 造成的堵塞进行了很好的解除，油井产液量大幅提升。该药剂体系于 2013 年 10 月在 WZ11-1N-A7h 井应用，该井由解堵前无法连续生产变为连续生产，酸化后初期产液量为 52m³/d，产油量为 44.7%，含水率为 14.3%。说明该药剂体系适用于流沙港组储层解堵。

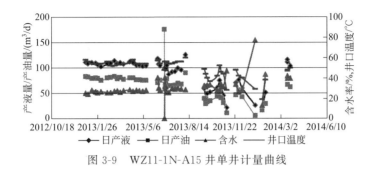

图 3-9 WZ11-1N-A15 井单井计量曲线

3.4 高温非酸复合解堵技术

相较常规酸化解堵，高温储层解堵由于高温下酸液与地层矿物反应速度极快，酸液有效作用距离短，活性酸不能到达地层深部，且高温时酸液对井下管柱及工具腐蚀性很强，用普通酸化缓蚀剂无法满足施工要求，导致高温解堵成为业界难题。涠洲 11-1 油田流沙港组储层温度达到 130℃ 以上，常规解堵体系难以满足要求，亟待构建新的技术体系。

3.4.1 技术原理

结合流沙港组部分油井的储层伤害原因、敏感性特征，采用非酸复合解堵液体系，利用解堵液的螯合机理，解除近井地带储层造成的伤害。利用复合解堵液体系中的 GTA-C 非酸解堵剂，溶蚀二价金属离子形成的无机盐类堵塞，稳定铝离子和铁离子，延缓二次沉淀生成；利用复合解堵液体系中的 GTS-F 非酸解堵剂，螯合溶蚀硅铝酸盐类矿物（如黏土、长石、石英等）以及磷酸盐和硫酸盐矿物；利用复合活性液良好的分散性，综合处理近井地带的高碳石蜡、胶质沥青质堵塞；利用复合解堵液体系中的高效氟碳表面活性剂（助排剂），降低油水界面张力、使地层内液体发生润湿反转，提高储层流体中油相渗流能力，解除乳化堵塞，同时强化解堵后的排液效果。

3.4.2 体系构建及参数指标

非酸复合解堵液体系包括冲洗液、前置液、主体处理液及顶替液。冲洗液：清水＋10％GTA-C 非酸解堵剂＋1％GTA-3 助排剂＋2％GTA-7 防乳破乳剂＋2％DGC-8 黏土稳定剂＋1％GTA-6 缓蚀剂。前置液：清水＋8％

GTA-C 非酸解堵剂＋2％DGC-8 黏土稳定剂＋2％GTA-7 防乳破乳剂＋1％GTA-3 助排剂＋2％GTA-6 缓蚀剂＋2％GTA-11 铁离子稳定剂。主体处理液：清水＋5％GTS-F 非酸解堵剂＋8.5％GTA-13 分散剂＋2％DGC-8 黏土稳定剂＋2％GTA-7 防乳破乳剂＋1％GTA-3 助排剂＋2％GTA-6 缓蚀剂＋2％GTA-11 铁离子稳定剂。顶替液：清水＋1％GTA-3 助排剂＋1％GTA-7 防乳破乳剂＋1％DGC-8 黏土稳定剂。

3.4.2.1　配伍性评价

将不同体积的解堵液倒入清洁的试管中，轻轻加入不同体积的地层水，盖好瓶塞，剧烈摇动试管 10 余次，然后把混合液放在 90℃ 的水浴中静置 24h，直接观察现象并记录，实验评价情况见表 3-20。

表 3-20　解堵液与地层水配伍性评价实验数据表

解堵液/mL	地层水/mL	现象描述
前置液,5	5	溶液均匀、透明
前置液,10	5	溶液均匀、透明
前置液,15	5	溶液均匀、透明
前置液,5	10	溶液均匀、透明
前置液,5	15	溶液均匀、透明
主处理液,5	5	溶液均匀、透明
主处理液,10	5	溶液均匀、透明
主处理液,15	5	溶液均匀、透明
主处理液,5	10	溶液均匀、透明
主处理液,5	15	溶液均匀、透明
混合液,5	5	溶液均匀、透明
混合液,10	5	溶液均匀、透明
混合液,15	5	溶液均匀、透明
混合液,5	10	溶液均匀、透明
混合液,5	15	溶液均匀、透明

注：混合液为前置液∶主处理液＝1∶2。

从实验情况可以看出：解堵液体系与地层水配伍性较好。其中，前置液、主处理液、混合液与地层水以不同的比例混合后，没有出现乳化、浑浊现象。

3.4.2.2　防膨性能评价

参考 SY/T 5971—2016，采用钠膨润土考察解堵液体系防膨效果，实验结果见表 3-21。

表 3-21　解堵液体系防膨实验数据表

解堵液体系	前置液	主处理液	混合液	残液
防膨率/%	92.3	89.9	89.7	92.6

注：入井液体为前置液：主处理液＝1：2。

结果表明，解堵液体系中最低防膨率 89.7%，满足行业标准中大于 70% 的要求。

3.4.2.3　铁离子稳定性能评价

解堵液体系铁离子稳定性能评价方法依据 SY/T6571—2012《酸化用铁离子稳定剂性能评价方法》，对各解堵液进行铁离子稳定性能评价，评价结果见表 3-22。

表 3-22　解堵液体系铁离子稳定性能评价数据表

解堵液体系	前置液	主处理液	残液
稳定铁离子能力/(mg/mL)	57	35	37.5

参考 SY/T 6571—2012，解堵液体系稳定铁离子能力最低为 35mg/mL，满足行业要求。

3.4.2.4　缓蚀性能评价

解堵液体系静态腐蚀速率性能评价方法依据 SY/T 5405—1996《酸化用缓蚀剂性能试验方法及评价指标》对各解堵液进行静态腐蚀速率性能评价，评价结果见表 3-23。

表 3-23　解堵液体系腐蚀速率性能评价数据表

缓蚀剂	液体名称	酸前钢片质量/g	酸后钢片质量/g	腐蚀速率/[g/(m²·h)]
2%GTA-6	前置液	10.9301	10.9136	3.04
	主处理液	10.7965	10.7811	3.18
	混合液	10.9329	10.91	4.169
1%GTA-6(A)＋0.2%GTA-6(B)	前置液	10.9155	10.9003	2.989
	主处理液	10.5334	10.5193	2.396
	混合液	10.9641	10.9436	3.642

注：混合液为前置液：主处理液＝1：2,试验温度 90℃,材质为 Q235。

参考 SY/T5405—1996，解堵液体系腐蚀速率最高为 4.169g/(m² · h)，满足标准中 3～5g/(m² · h) 的要求。

3.4.2.5　岩心溶蚀性能评价

解堵液体系对储层岩心溶蚀率评价方法依据 SY/T5886—2012《缓速酸性能评价方法》对各解堵液进行岩心溶蚀率性测定。评价时，先加前置液在 90℃下反应 120min，倒掉残液，再加入主处理液，在 90℃下反应 120min，过滤、洗涤残渣，烘干称重，计算溶蚀率。评价结果见表 3-24。

表 3-24　各解堵液对储层岩心静态溶蚀性评价数据表

解堵体系名称		试验前岩心质量/g	试验后岩心质量/g	溶蚀率/%	平均值/%
1	前置液	2.501	2.107	15.75	16
	主处理液				
2	前置液	2.503	2.098	16.18	
	主处理液				

注：用量按每克岩心用 20mL 计算，粒径：150～450μm。

一般岩心的静态溶蚀率在 10％～20％之间，解堵液体系对地层岩心的溶蚀率平均为 16％，满足现场实施要求。

3.4.3　典型应用案例

涠洲 11-1 油田 A3 和 A5 井在钻井过程中均采用 PDF-MOM 油基泥浆钻井液体系，该钻井液滤液与射孔液配伍差，两者混合后产生大量白色沉淀（磷酸钙），对井筒及近井地带造成堵塞；此外，A3/A5 井储层具有强水敏、强酸敏特性，当储层中的黏土矿物遇到与之配伍性差的流体时，会造成黏土矿物膨胀、运移或形成的絮状物等对储层造成伤害。针对 A3/A5 井存在的污染，采用非酸解堵剂进行解堵作业并取得了较好的效果。

3.4.3.1　解堵剂用量设计

合层处理目的层层厚 119.1m，解堵半径设计 1.2m，用量采用容积法计算，孔隙度取值 19％，见表 3-25。

表 3-25　解堵液规模设计表

液体名称	用量/m³	备注
冲洗液	20	冲洗井筒及炮眼，分两次注入

续表

液体名称	用量/m³	备注
前置液	35	与主处理液之比为 1 : 2
主处理液	70	解堵半径 1.2m
顶替液	48	—
总液量	173	—

3.4.3.2　施工参数及泵注程序

不动管柱作业，利用目前管柱将工作液挤入地层。先处理管柱内和炮眼附近的结垢，然后采用三段塞注入地层解堵，前置液＋主处理液＋顶替液。由于涠洲 11-1 油田区块发育正断层，地应力值偏低。常规砂岩储层地应力梯度为 0.014～0.016MPa/m，WZ11-1-A3 井解堵目的层垂深 2400m，对应的破裂压力预计：33.6～38.4MPa；同时，参考 WZ11-1-A9 井水力压裂的测试的破裂压力（30～54MPa），解堵泵注压力按照破裂压力的 80% 设计，泵注压力不超过 24MPa，根据设备的能力，泵注过程采用限压，不限排量的方式，泵注参数见表 3-26。

表 3-26　WZ11-1-A3 井解堵液泵注程序表

序号	工序	液量/m³	累计注入量/m³
1	注入第一段冲洗液	10	10
2	注入顶替液	16	26
3	反应 3.5h 后，起泵排液，要求排液量在 90m³ 以上		
4	注入第二段冲洗液	10	36
5	注入顶替液	16	52
6	反应 3.5h 后，起泵排液，要求排液量在 90m³ 以上		
7	注入前置液	35	87
8	注入主处理液	70	157
9	注入顶替液	16	173
10	反应 3.5h 后，起泵排液		

注：1. 泵注过程中采用限压，不限排量的方式；累计入井液体总量 173m³。
　　2. 设计两次冲洗的目的是为提高冲洗效率，保证冲洗效果。

3.4.3.3　现场实施情况及效果分析

该井现场施工曲线如图 3-10，随着冲洗液及主处理液的顺序注入，该井的注入能力有明显改善。

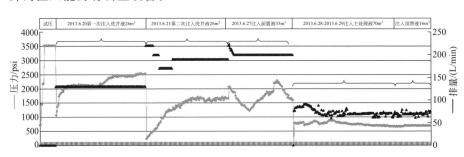

图 3-10   WZ11-1-A3 井现场施工曲线

　　WZ11-1-A3 井解堵前，只能间歇生产，解堵后实现连续稳定自喷生产，日产油 40～100m³。复合解堵工艺技术的成功实施标志着涠洲敏感性储层解堵技术取得突破，见图 3-11。

　　WZ11-1-A5 井的主力油组流三段三油组投产后 6 年一直没有产出，应用该体系解堵后实现自喷生产，产液量 42.54m³/d，产油量 41.43m³/d，含水率 4.59％。这几口井解堵工艺技术的成功实施标志着涠洲敏感性储层解堵技术取得突破。为海上油田类似作业提供了借鉴和指导作用。

3.5   分流酸化解堵技术

　　文昌油田群主力层位珠江组、珠海组属于海相沉积砂岩储层，边底水能量充足，储层属于中至高孔渗，且非均质性强。开发初期单井产量较高，开发中期多采用笼统酸化作为增产的主要手段，且都取得了良好的增油效果，但常规酸化后含水率上升问题一直未有有效的解决办法；并且伴随着开发的进行，高渗储层的孔道逐渐被水淹，而低渗储层的产量得不到有效的释放，由此产生了一批低效井。

　　笼统酸化时由于酸液进入地层后遵循最小渗流阻力原理，将优先进入高渗层，低渗层进酸量很少；这使得笼统酸化后高渗层过度改造、含水进一步上升，而低渗储层的产能却并未得到有效释放。因此，为了释放低渗储层的产能，需开展分流酸化工艺技术研究。

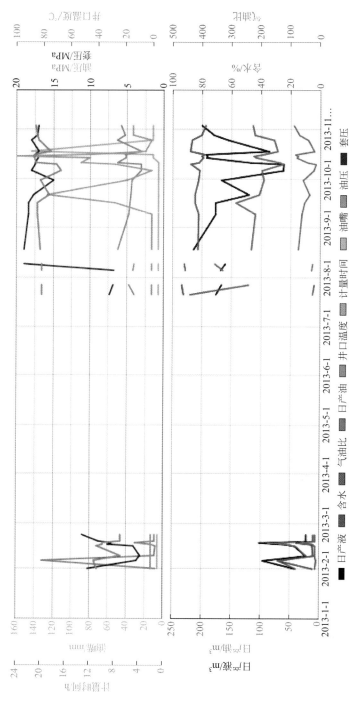

图 3-11　WZ11-1-A3 井计量曲线

3.5.1　技术原理

化学分流酸化工艺的关键点在于，泵注过程中有效的封堵高渗层，以及返排时有效解除对储层的暂堵。乳化柴油兼具以上两种特性，采用淡水与活性柴油配置成的乳化柴油，其形成的稳定乳化液滴将于高渗通道的孔喉处形成一定强度的暂堵，如图 3-12 所示，使得全井筒形成均匀进液剖面，且在高含水地层中由于水相的增加，乳化液体系的稳定性将进一步增强，将进一步加强对高渗水层的封堵，为此南海西部首次提出将其用于砂岩分流酸化工艺中。

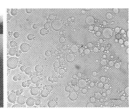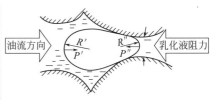

图 3-12　配制完成的乳化柴油及封堵机理示意图

3.5.2　体系构建及参数指标

分流酸化解堵技术工作液包括活性柴油和多氢酸解堵液两部分。活性柴油：10％乳化剂 PA-EO＋90％柴油。非酸复合解堵液体系包括前置液、主体液、后置液及隔离液。

① 前置液：8％HCl＋1％缓蚀剂＋1％铁离子稳定剂＋2％黏土稳定剂＋1％破乳剂＋3％互溶剂＋1％助排剂。

② 主体液：6％HCl＋4％液体多氢酸 MH＋1％固体多氢酸 MF＋1％缓蚀剂＋1％铁离子稳定剂＋1％破乳剂＋3％互溶剂＋1％助排剂＋2％黏土稳定剂。

③ 后置液：8％HCl＋1％缓蚀剂＋1％铁离子稳定剂＋2％黏土稳定剂＋1％破乳剂＋3％互溶剂＋1％助排剂。

④ 隔离液/顶替液：1％黏土稳定剂＋淡水。

3.5.2.1　乳化柴油性能评价及优化

（1）乳化柴油粒度分析　不同油水比（1：9、2：8、3：7、4：6）乳化柴油的液滴粒径如图 3-13 所示，乳化柴油形成的液滴小于 $14\mu m$，并以 $2\sim6\mu m$ 为主。其中油水比为 3：7 时，粒径较大的液滴更多，为实现对高渗通道更好的封堵，选择乳化柴油的油水比为 3∶7。

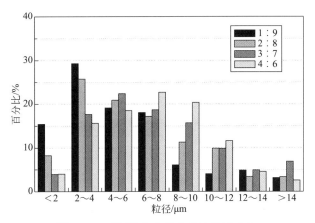

图 3-13 不同油水比乳化柴油粒度分布

（2）乳化柴油高温流变性能评价 乳化柴油于 110℃、170s^{-1} 剪切速率下仍具有较高黏度，能满足南海西部大部分储层的适用条件。在 B5 井储层温度 80℃下，测得乳化柴油黏度为 30mPa·s，见图 3-14。

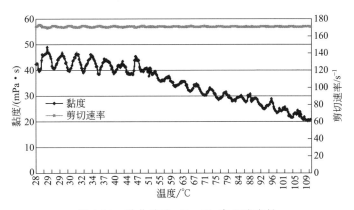

图 3-14 乳化柴油（3∶7）高温流变性

（3）乳化柴油破乳性能评价 采用酸液与乳化柴油混合，并于储层温度下水浴 2h，实验结果如图 3-15 所示。乳化液体系遇酸后不会立即破乳，但一段时间后将有效破乳，这将有助于残酸返排阶段的乳化柴油对高渗层的暂堵解除。

（4）分流驱替评价实验 构建不同渗透率的岩心对，其中高渗透率岩心含少量水（饱和油后，水驱见水即停止，以此来模拟产水的油层，用其

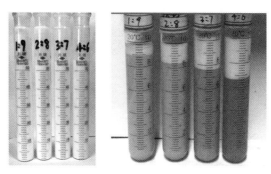

图 3-15　乳化柴油遇酸破乳性能评价

进行后续试验）；低渗透率岩心含有束缚水（饱和油后即停止，用其进行后续试验），考察乳化柴油（3∶7）分流作用和是否对高渗透层形成选择性封堵，实验结果见表 3-27。

表 3-27　并联岩心分流实验

岩心对	岩心描述	参数测定条件	平衡压力/MPa	由平衡压力计算得到的渗透率/mD	渗透率变化
228mD-221mD	高渗透岩心（水层）	注乳化柴油前	0.0022	83.58	下降70.32%
		注乳化柴油后	0.0074	24.8	
	低渗透岩心（油层）	注乳化柴油前	0.0264	62.93	下降3.4%
		注乳化柴油后	0.0238	60.8	
814.5mD-27.0mD	高渗透岩心（水层）	注乳化柴油前	0.002	814.5	下降99.5%
		注乳化柴油后	0.234	3.89	
	低渗透岩心（油层）	注乳化柴油前	0.03	27.02	下降14.3%
		注乳化柴油后	0.035	23.16	
1998mD-295mD	高渗透岩心（水层）	注乳化柴油前	0.0086	181.14	下降78.50%
		注乳化柴油后	0.04	38.95	
	低渗透岩心（油层）	注乳化柴油前	0.019	24.3	下降8.8%
		注乳化柴油后	0.017	22.16	
1041mD-996mD	高渗透岩心（水层）	注乳化柴油前	0.0137	111.19	下降63.53%
		注乳化柴油后	0.0375	40.62	
	低渗透岩心（油层）	注乳化柴油前	0.0927	55.41	下降7.31%
		注乳化柴油后	0.1	51.36	

　　并联双管物模实验表明乳化柴油能够有效封堵高渗水层，使得后续酸液可以大部分进入低渗油层，留在高渗层的乳状液能够持续有效地提供封堵作用，与酸化措施结合后进而起到分流的作用。

　　选取 814.5mD‑27.0mD 岩心对（模拟常规高渗水层低渗油层的情况）对分流液具体使用工艺流程进行模拟。岩心的基本参数见表 3‑28。

表 3‑28　814.5mD ‑27.0mD 岩心对基本参数

岩心描述	渗透率/mD	孔隙体积/mL	测渗透率用液体	平衡压力/MPa
高渗透岩心	814.5	11.37	模拟地层水	0.002
低渗透岩心	27.0	11.83	模拟地层水	0.03

　　在上述并联岩心中正注模拟地层水，注入压力曲线图 3‑16 可以看出，随着模拟地层水的注入（流量 0.3mL/min）压力逐渐平衡，平衡压力接近于单独高渗透率岩心注水平衡压力。在注入液体 40min 后停止注液，此时高渗岩心出液 11mL，低渗岩心出液 0.3mL，由此得到高低渗透率岩心的分流率比值分别为 97.3%、2.7%。

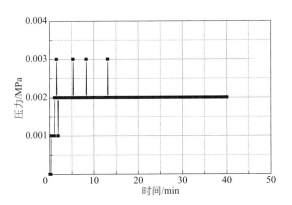

图 3‑16　并联岩心正注模拟地层水压力曲线

　　在上述并联岩心中反注油包水乳化柴油，注入压力曲线见图 3‑17。随着乳化柴油的注入注入压力快速上升，说明乳化柴油对高渗透岩心产生了封堵作用。当注液 2min、压力达到 0.001MPa 时高渗岩心开始出液，当注液 14.5min、压力达到 0.012MPa 时低渗透岩心开始出液。高渗岩心累计出液 2.4mL（占孔隙 0.21PV）、低渗岩心累计出液 0.18mL（占孔隙 0.015PV）时停止注入。

　　注乳化柴油后对分流率的测定，在上述并联岩心中正注模拟地层水，

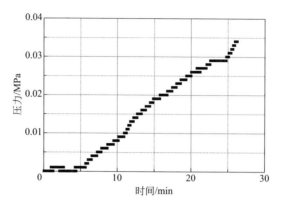

图 3-17　并联岩心反注乳化柴油压力曲线

注入压力曲线见图 3-18。试验发现，当注入液体 5min、压力达到 0.005MPa，高渗岩心开始出液；当注液 27min、压力达到 0.046MPa 时低渗透岩心开始出液。66min 时停止注液，高渗岩心共出液 2.2mL，低渗岩心出液 10.2mL ，由此得到高低渗透率岩心的分流率比值分别为 17.7％、82.3％。

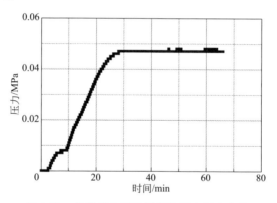

图 3-18　并联岩心正注模拟地层水压力曲线

测完分流率后，注乳化柴油后分别正向测岩心的渗透率，相关参数见表 3-29。

表 3-29　渗透率为 814.5mD -27.02mD 的岩心对注入乳化柴油前后相关参数

岩心描述	参数测定条件	平衡压力/MPa	由平衡压力计算得到的渗透率/mD	注乳化柴油前后渗透率变化
高渗透岩心	注乳化柴油前	0.002	814.5	下降99.5％
	注乳化柴油后	0.234	3.89	

续表

岩心描述	参数测定条件	平衡压力/MPa	由平衡压力计算得到的渗透率/mD	注乳化柴油前后渗透率变化
低渗透岩心	注乳化柴油前	0.03	27.02	下降 14.3%
	注乳化柴油后	0.035	23.16	

根据实验结果，推荐 B5 井分流液用量为每米地层厚度 $0.2\sim0.4m^3$，考虑容器残留、管线吸附、工程损耗等因素，可适当增加用量。

3.5.2.2　酸液性能评价及优化

（1）酸液浓度选择　采用该区块 Wen19-1-B3 井 $1694.7\sim1707.9m$ 段岩屑做岩粉酸溶蚀实验，结果见图 3-19、表 3-30。

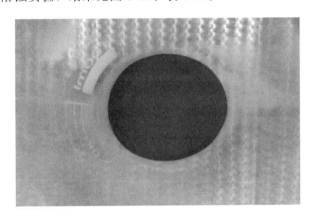

图 3-19　文昌 19-1B 油田 ZH2-1 油组岩屑

表 3-30　Wen19-1-B3 岩心岩粉（$1694.7\sim1707.9m$）溶蚀结果

序号	酸液配方	溶蚀前岩样质量/g	滤纸质量/g	溶蚀后岩样与滤纸质量/g	未溶解的岩样质量/g	岩样的溶蚀率/%	平均溶蚀率/%
1	5%HCl	2.0071	0.7564	2.5745	1.8181	9.42	9.33
2		2.0019	0.7500	2.5670	1.8170	9.24	
3	8%HCl	2.0061	0.7678	2.5861	1.8183	9.36	9.51
4		2.0052	0.7600	2.5714	1.8214	9.66	
5	10%HCl	2.0042	0.7619	2.5739	1.8120	9.59	9.72
6		2.0067	0.7646	2.5737	1.8091	9.85	
7	12%HCl	2.0015	0.7602	2.5660	1.8058	9.78	9.62
8		2.0006	0.7653	2.5766	1.8113	9.46	

续表

序号	酸液配方	溶蚀前岩样质量/g	滤纸质量/g	溶蚀后岩样与滤纸质量/g	未溶解的岩样质量/g	岩样的溶蚀率/%	平均溶蚀率/%
9	5%HCl+1%HF	2.0026	0.7960	2.4017	1.6057	19.82	19.72
10		2.0001	0.7946	2.4023	1.6077	19.62	
11	5%HCl+2%HF	2.0075	0.7913	2.2265	1.4352	28.51	28.28
12		2.0034	0.7931	2.2344	1.4413	28.06	
13	5%HCl+4%HBF₄	2.0064	0.7919	2.4661	1.6742	16.56	16.74
14		2.0017	0.7955	2.4584	1.6629	16.93	
15	5%HCl+6%HBF₄	2.0029	0.7919	2.4468	1.6549	17.37	17.50
16		2.0034	0.7944	2.4445	1.6501	17.64	
17	5%HCl+8%HBF₄	2.0026	0.7911	2.4092	1.6181	19.20	19.21
18		2.0068	0.7958	2.4171	1.6213	19.21	
19	6%HCl+4%MH+2%MF	2.0085	0.7922	2.3667	1.5745	21.61	21.29
20		2.0023	0.7971	2.3795	1.5824	20.97	
21	6%HCl+4%MH+4%MF	2.0069	0.7908	2.2981	1.5073	24.89	24.97
22		2.0054	0.7933	2.6867	1.8934	5.58	

从试验数据可以看出：随着盐酸浓度的提高，岩粉的溶蚀率提高不大，说明碳酸盐岩含量低，应选用低浓度的盐酸，但考虑到试验中所用的酸液过量，所以选用浓度为8%的盐酸作为前置酸，并且为了节约平台空间，后置酸也选用相同浓度，这样可以将前置酸和后置酸合并配制。处理液中土酸的溶蚀率最高，其次是多氢酸，氟硼酸不如前面两者，考虑到地层温度高，土酸反应过快且二次沉淀难控制，所以选择多氢酸作为主体酸，能起到深部酸化的作用，兼顾保护储层骨架避免过度溶蚀，优选其配方为6%HCl+4%MH+2%MF。

（2）酸液添加剂评价

① 缓蚀剂性能　参考标准SY/T 5405—1996，结果见表3-31。

表 3-31 缓蚀剂性能

钢片材质	酸液体系	腐蚀速率 /[g/(m²·h)]	平均腐蚀速率 /[g/(m²·h)]	备注
N80	12%HCl＋3%HF＋1%缓蚀剂	3.15	3.23	无点蚀坑蚀现象,符合一级标准
		3.31		
	15%HCl＋1%缓蚀剂	3.21	3.12	
		3.03		
	20%HCl＋1%缓蚀剂	6.30	6.17	无点蚀坑蚀现象,符合二级标准
		6.04		

② 黏稳剂性能评价 参考标准 SY/T 5971—2016,结果见表 3-32。

表 3-32 黏稳剂性能

液体种类	最高点体积/mL V_1	最高点体积/mL V_2	平均体积/mL $(V_1+V_2)/2$	防膨率/%
1%黏稳剂	2.0	0.4	1.2	78.57 (符合企业标准)
蒸馏水	4.2	0.4	2.3	
煤油	1.4	0.4	0.9	

③ 铁稳剂性能评价 参考标准 SY/T6571—2012《酸化用铁离子稳定剂技术要求及检验方法》,结果见表 3-33。

表 3-33 铁离子稳定性能

序号	消耗铁离子标准液量/mL	稳定铁离子量/(mg/mL)	平均稳铁能力/(mg/mL)
1	700	175	168.5(符合企业标准)
2	650	162	

④ 助排剂性能评价 参考标准 SY/T5370—1999《表面及界面张力测定方法》,结果见表 3-34。

表 3-34 助排剂性能

编号	浓度	表面张力/(mN/m)	平均表面张力/(mN/m)	表面张力/(mN/m)	平均表面张力/(mN/m)
1	0.5%	23.749	23.676	0.198	0.189
2		23.603		0.179	
3	1%	23.379	23.339	0.170	0.166
4		23.280		0.162	

3.5.3 典型应用案例

Wen19-1-B5 井开发的 ZH2-1 油组具备很强的非均质性，且目前各单井均已见水，该区块的解堵工艺面临较大挑战。同区块临井 B3、B4 采用笼统酸化解堵后含水大幅上升，未能达到预期增油目标；B7 井采用酸性很弱的冲洗解堵，也同样出现了增液未增油。B5 井于 2016 年应用了自转向分流解堵，初期解堵增油效果良好，然而施工过程未见明显分流特征，且解堵后产能未及油藏预期。2017 年 12 月 4 日，B5 井开展了乳化柴油分流解堵作业。

3.5.3.1 解堵工艺参数设计

根据陈元千《油藏工程实践》中的污染半径计算公式：

$$S = (\frac{K_0}{K_s} - 1)\ln \frac{r_s}{r_w} \tag{3-2}$$

可得

$$r_s = e^{\frac{S}{\frac{K_0}{K_s} - 1}} \cdot r_w \tag{3-3}$$

式中　K_0——原始渗透率，mD；

　　　K_s——污染渗透率，mD；

　　　r_s——污染半径，m；

　　　r_w——井筒半径，m。

将本井及油藏各项数据输入公式，计算 B5 井污染半径为 0.7m。

基于本井污染半径为 0.7m，酸化处理半径应大于污染半径，综合考虑酸液用量成本、酸化效果及返排酸度的情况下，设计酸液处理半径 1m，泵注程序见表 3-35，解堵液规模见表 3-36。

表 3-35　Wen19-1-B5 井解堵泵注程序

序号	泵注液体	泵注压力/MPa	注入液量/m³	累计注入量/m³	油套环空阀门
1	环空补液	≤12	从油套环空将井筒替满		开启
2	正替分流液	≤12	4	4	关闭
3	正挤分流液	≤12	16	20	关闭
4	正挤顶替液	≤12	20	40	关闭
5	钢丝作业投"Y"堵塞器，启泵返排				关闭
6	环空补液	≤12	从油套环空将井筒替满		开启

序号	泵注液体	泵注压力/MPa	注入液量/m³	累计注入量/m³	油套环空阀门
7	正替前置液	≤12	4	4	开启
8	正挤前置液	≤12	11	15	关闭
9	正挤处理液	≤12	30	45	关闭
10	正挤后置液	≤12	5	50	关闭
11	正挤顶替液	≤12	20	70	关闭

表 3-36　Wen19-1-B5 井解堵液规模设计表

液体名称	设计用量/m³	备注
分流液	20	
前置液	15	
处理液	30	
后置液	5	
隔离液+顶替液	20+20	
合计	110	酸化半径 1m

3.5.3.2 现场实施情况及效果分析

2017 年 12 月 4 日，B5 井开展了乳化柴油分流解堵现场施工，作为分流前置液的乳化柴油段塞，在进入储层过程中明显起压达 6MPa（如图 3-20），对后续泵入的酸液起到了很好的分流效果。作业后单井产能由 25m³/（d·MPa）增至 53m³/（d·MPa），产液由 125.5m³/d 增至 216.4m³/d，含水 58.8% 升至 62.7%，实现增油 29m³/d；且随着生产进行，B5 井产能进一步恢复，且含水逐步降至解堵前水平，截至 12 月 25 日，产液 242m³/d，产油 94.7m³/d，含水 60.9%，增油 43m³/d，如图 3-21 所示。

Wen19-1-B5 井首创的乳化柴油分流酸化，为新文昌油田群储层非均质较强的 ZH2-1 油组的解堵打开了新局面，成功避免了临井 B3、B4 笼统酸化后水淹的风险，且本次分流解堵效果优于该井前次的自转向分流。现场作业情况表现出该新工艺的适应性较强、储保风险低，具有较大的推广应用价值。

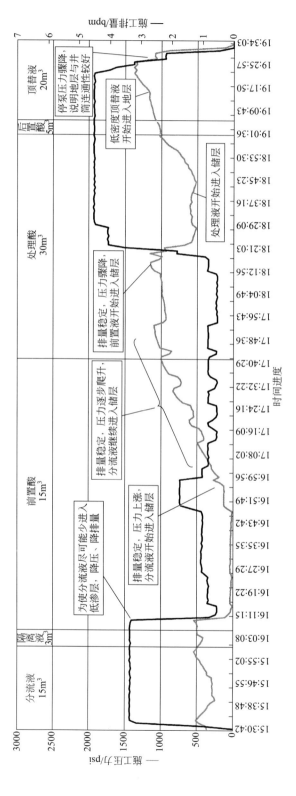

图 3-20　酸化施工曲线图（1bpm=2.65L/s）

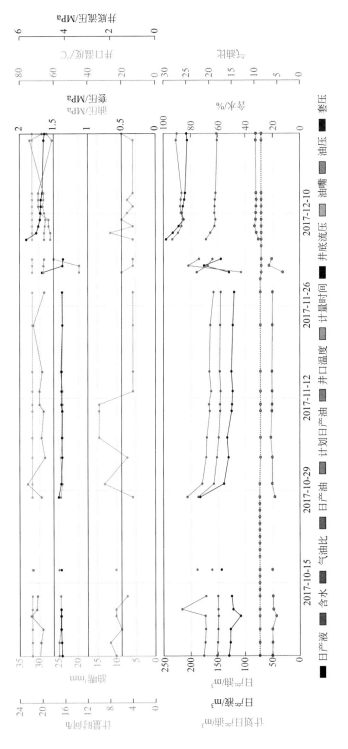

图 3-21　Wen19-1-B5 井乳化柴油分流酸化前后生产情况

3.6　高凝油藏注水井解堵技术

针对高凝油藏开发，国内外目前主要的增产措施有电磁加热技术、蒸汽吞吐、微生物吞吐、解堵、压裂等，结合涠洲 6-9 油田实际情况，主要研究化学解堵措施。

3.6.1　技术原理

针对涠洲 6-9 油田部分油井存在的钻完井过程中的污染及生产过程中的重质组分沉积、微粒运移污染，在以往改性硅酸的基础上进行体系优化，通过大量室内实验研制出了改性硅酸复合解堵液。

QX-01 有机解堵剂可以将井筒、射孔孔眼及近井地带的重质堵塞物清洗干净；FS-01 重垢分散剂能降低残余油饱和度，对有机解堵剂没有处理完全的重质组分进一步解除；这两种药剂联合作用可以提高解除有机堵塞效果。BHJ3-G 改性硅酸体系具有较好的铁离子稳定性能、黏土稳定性能、缓蚀性能、沉淀抑制性能、溶蚀性能等，可以在不破坏岩石骨架的前提下溶蚀孔喉中的无机堵塞物，能够较好地解除钻完井液污染及隐形酸修井液漏失造成的伤害。

3.6.2　体系构建及参数指标

该解堵液主要由 QX-01 有机解堵剂、FS-01 重垢分散剂及改性硅酸组成。改性硅酸配方：10%HCl＋8%CSFS＋3%HSJ＋2%BHFP-02＋2%HP-8＋2%TL-01＋7%FCY-6＋4%JP-4

3.6.2.1　QX-01 有机解堵剂性能评价

（1）溶蜡实验　有机解堵剂 QX-01 在温度为 40℃，2h 下的溶蜡实验结果见表 3-37。在温度为 40℃，不同时间下的溶蜡实验结果见图 3-22 所示。

表 3-37　有机解堵剂 QX-01 溶蜡实验

药剂名称	药剂用量/mL	蜡球原始重量/g	蜡球溶后重量/g	溶蚀率/%	平均溶蚀率/%
有机解堵剂	20	1.0258	0.4516	55.98	54.44
	20	1.0280	0.4664	54.63	
	20	1.0368	0.4903	52.71	

续表

药剂名称	药剂用量/mL	蜡球原始重量/g	蜡球溶后重量/g	溶蚀率/%	平均溶蚀率/%
水	20	1.001	1.001	0	0
	20	1.042	1.042	0	
	20	0.998	0.998	0	

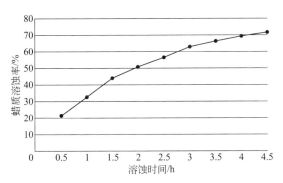

图 3-22　有机解堵剂 QX-01 不同时间下溶蜡实验结果

　　实验表明，在 40℃温度下，有机解堵剂在 4.5h 内对蜡球溶蚀率已经达到了 71.57%，而且溶蚀率还有进一步加大的趋势。

　　（2）溶沥青实验　　有机解堵剂 QX-01 在温度为 40℃、2h 下的溶沥青实验结果见表 3-38。在温度为 40℃，不同时间下的溶沥青实验结果见图 3-23。

表 3-38　有机解堵剂 QX-01 溶沥青实验

药剂名称	药剂用量/mL	沥青原始重量/g	沥青溶后重量/g	溶蚀率/%	平均溶蚀率/%
有机解堵剂	20	1.0327	0.1135	89.01	90.32
	20	1.0346	0.0924	91.07	
	20	1.0490	0.0957	90.88	
水	20	1.041	1.052	0	0
	20	0.996	0.996	0	
	20	1.021	1.021	0	

　　实验表明，在 40℃温度下，有机解堵剂在 3h 内对沥青溶蚀率达到 100%。

　　（3）洗油实验　　应用挂片法及筛网法进行有机解堵剂 QX-01 洗油实

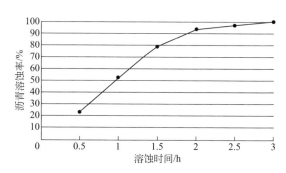

图 3-23　有机解堵剂 QX-01 不同时间下溶沥青实验结果

验，实验结果见表 3-39 和表 3-40。

表 3-39　有机解堵剂 QX-01 洗油实验-挂片法

序号	洗油温度/℃	洗油时间/min	洗油描述	备注
1	22	30	挂片有少量稠油	洗涤油分散在溶液中
2	60	10	挂片无残余油	洗涤油分散在溶液中

表 3-40　有机解堵剂 QX-01 洗油实验-筛网法

原油初始重量/g	筛网重量/g	洗油时间/min	洗油后原油和筛网总重/g	洗油率/%
1.050	13.445	10	13.498	95

实验表明，有机解堵剂 QX-01 对 WZ6-9 油田原油的洗油效率非常高。

（4）有机垢溶解实验　将 WZ6-9 油田原油在 120℃下加热，使其中的轻质组分挥发，剩下的为有机垢。用 QX-01 有机解堵剂在 90℃下进行溶解，实验结果见表 3-41。

表 3-41　有机解堵剂 QX-01 溶解有机垢实验

药剂名称	溶蚀时间/min	药剂用量/mL	有机垢原始重量/g	有机垢溶蚀后重量/g	溶解速率/[mg/(mL·min)]
QX-01	15	30	3.021	2.032	2.20
	30			1.460	1.73
	45			0.893	1.58
	60			0.491	1.41

实验表明，有机解堵剂对有机垢的溶解速率是非常可观的，溶蚀速率最高达到 2.20mg/(mL·min)。

3.6.2.2 FS-01重垢分散剂性能测试

（1）洗油实验 将 WZ6-9 油田原油均匀涂于挂片上，悬挂置于 100mL 浓度为 10％的重垢分散剂中，放置 60℃恒温水浴中，30min 后观察挂片上残余原油情况，以评价洗油能力。实验结果见表 3-42。

表 3-42 重垢分散剂 FS-01 洗油实验结果

重垢分散剂浓度/％	温度/℃	时间/min	洗油描述	备注
10	60	30	挂片无残油	洗涤油分散在溶液中

实验结果表明，重垢分散剂 FS-01 洗油效果良好。

（2）沥青溶解分散实验 称取一定量的市售 30 号沥青，置于 100mL 重质分散剂溶液中，放置 60℃恒温水浴中，1h 后观察沥青溶解情况，称取剩余沥青质量，评价溶解能力。沥青溶解前后情况见图 3-24。

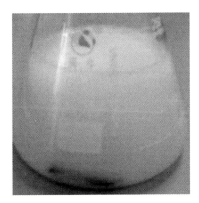

图 3-24 重垢分散剂 FS-01 沥青溶解前后情况

实验结果表明，重垢分散剂 FS-01 沥青溶解分散效果良好。

3.6.2.3 无机解堵液性能评价

（1）无机解堵液岩屑溶蚀实验 BHJ3-A 酸液体系溶蚀岩屑实验结果见表 3-43，BHJ3-C 酸液体系溶蚀岩屑实验结果见表 3-44，BHJ3-G 酸液体系溶蚀岩屑实验结果见表 3-45，BHJ3-G 酸液体系溶蚀工业石英砂实验结果见表 3-46。从实验结果可以看出，BHJ3-G 酸液体系对 WZ6-9-A5 井 3842.1～3863m、3880.3～3893.4m 储层岩屑溶蚀率适度。实验结果表明，BHJ3-G 酸液体系对石英腐蚀最轻，几乎不破坏岩石骨架。

表 3-43　BHJ3-A 酸液对 WZ6-9-A5 岩屑溶蚀实验数据表

药剂	BHJ3-A					
时间/h	4					
温度/℃	90					
井段/m	3842.1～3863			3880.3～3893.4		
岩心粉重/g	5.023	5.006	5.016	5.071	5.033	5.018
滤纸重/g	2.059	2.069	2.048	2.113	2.066	2.027
反应后总重/g	6.336	6.388	6.349	6.718	6.631	6.691
质量差/g	0.746	0.687	0.715	0.466	0.468	0.354
溶蚀率/%	14.9	13.7	14.3	9.2	9.3	7.1
平均溶蚀率/%	14.3			8.5		

表 3-44　BHJ3-C 酸液对 WZ6-9-A5 岩屑溶蚀实验数据表

药剂	BHJ3-C					
时间/h	4					
温度/℃	90					
井段/m	3842.1～3863			3880.3～3893.4		
岩心粉重/g	5.006	5.003	5.014	5.032	5.025	5.031
滤纸重/g	2.073	2.084	2.062	2.070	2.066	2.074
反应后总重/g	4.635	5.130	4.824	6.215	—	6.106
质量差/g	2.444	1.957	2.252	0.887	—	0.999
溶蚀率/%	48.8	39.1	44.9	17.6	—	19.9
平均溶蚀率/%	44.3			18.7		

表 3-45　BHJ3-G 酸液对 WZ6-9-A5 岩屑溶蚀实验数据表

药剂	BHJ3-G					
时间/h	4					
温度/℃	90					
井段/m	3842.1～3863			3880.3～3893.4		
岩心粉重/g	5.017	5.005	5.005	5.027	5.011	5.026
滤纸重/g	2.075	2.067	2.063	2.076	2.072	2.043
反应后总重/g	5.522	5.398	5.382	5.477	5.669	5.641

续表

药剂	BHJ3-G					
质量差/g	1.57	1.674	1.686	1.626	1.414	1.428
溶蚀率/%	31.3	33.4	33.7	32.3	28.2	28.4
平均溶蚀率/%	32.8			29.7		

表 3-46　石英溶蚀实验数据表

酸液体系	石英类型	石英用量/g	酸液用量/mL	反应温度/℃	反应时间/min	溶蚀率/%
土酸	工业石英砂	4	80	80	60	2.90
BHJ3-C	工业石英砂	4	80	80	60	1.62
BHJ3-G	工业石英砂	4	80	80	60	0.56

（2）无机解堵液钻完井液残渣溶蚀实验　钻井液残渣溶蚀实验结果见表 3-47，完井液残渣溶蚀实验结果见表 3-48。

表 3-47　PDF-PLUS/KCL 钻井液残渣溶蚀实验数据表

样品	钻井液残渣						
时间/h	4						
温度/℃	90						
药剂	BHJ3-C			BHJ3-G			蒸馏水
残渣质量/g	3.003	3.001	3.012	3.000	3.003	3.016	3.025
滤纸质量/g	2.038	2.025	2.016	2.017	2.025	2.001	2.007
反应后总重/g	3.768	3.820	3.879	2.976	2.893	2.943	5.021
质量差/g	1.273	1.206	1.149	2.041	2.135	2.074	0.011
溶蚀率/%	42.4	40.2	38.1	68.0	71.1	68.8	0.4
平均溶蚀率/%	40.2			69.3			0.4

表 3-48　隐形酸完井液残渣溶蚀实验数据表

样品	完井液残渣						
时间/h	4						
温度/℃	90						
药剂	BHJ3-C			BHJ3-G			蒸馏水
残渣质量/g	3.000	3.012	3.050	3.001	3.035	3.010	3.03

续表

滤纸质量/g	2.027	2.009	2.010	2.018	2.016	2.002	2.058
反应后总重/g	2.045	2.035	2.051	2.031	2.038	2.027	2.096
质量差/g	2.982	2.986	3.009	2.988	3.013	2.985	2.992
溶蚀率/%	99.4	99.1	98.7	99.6	99.3	99.2	98.7
平均溶蚀率/%	99.1			99.3			98.7

从实验结果可以看出：BHJ3-G 酸液体系对钻井液残渣有较高的溶蚀率；完井液本身对地层造成伤害的可能性较小；BHJ3-C 和 BHJ3-G 对完井液残渣均具有很高的溶蚀率。

（3）无机解堵液缓蚀性能评价实验　BHJ3-G 酸液体系缓蚀性能评价实验数据表见表 3-49。实验图片见图 3-25。从实验结果可以看出，BHJ3-G 酸液体系对 N80 钢片的平均腐蚀速率为 1.78 $g/(m^2 \cdot h)$，达到了一级标准的要求。

表 3-49　BHJ3-G 酸液体系缓蚀性能评价实验结果表

实验温度/℃		90		
实验时间/h		4		
酸液		BHJ3-G		
钢片长/mm		0.04998	0.04996	0.04995
钢片宽/mm		0.00999	0.00998	0.00995
钢片厚/mm		0.00298	0.00298	0.00298
表面积/m²		0.001356	0.001354	0.001351
腐蚀前重/g		10.8384	10.8767	10.8807
腐蚀后重/g		10.8288	10.8670	10.8712
质量差/g		0.0096	0.0097	0.0095
腐蚀速率/[$g/(m^2 \cdot h)$]		1.78	1.80	1.76
平均腐蚀速率/[$g/(m^2 \cdot h)$]		1.78		
评价指标/[$g/(m^2 \cdot h)$]	一级	3～5		
	二级	5～10		
	三级	10～15		

图 3-25　N80 钢片腐蚀情况对比

（左图为腐蚀前，右图为腐蚀后）

（4）无机解堵液添加剂优选实验

① 助排剂的优选　为了提高酸液的返排效果，使酸化后残酸尽可能从地层排出，同时防止酸液乳化，酸液中需加入一定量的助排剂。目前，评价助排剂的方法主要是测定助排剂的表/界面张力，以及助排剂的破乳能力。国内依据 SY/T 5755—2016 进行，实验结果见表 3-50。

表 3-50　助排剂优选结果数据表

助排剂	表面张力/(mN/m)	界面张力/(mN/m)	油水乳化液破乳率/%
0.5%D-80 溶液	29.6	0.8	88.5
0.5%AY-6 溶液	28.3	1.1	91.3
0.5%DW-50 溶液	26.8	0.7	93.6
0.5%LM-01 溶液	30.4	0.9	87.4
0.5%HP-8 溶液	25.6	0.3	98.7

筛选实验结果表明，HP-8 是较理想的助排剂。

② 铁离子稳定剂的优选　酸化施工时，地层中的铁矿物质、酸化设备以及管线等都有可能释放 Fe^{3+}，当酸液的 pH 值升至 3.2 以上时，便产生氢氧化铁沉淀。因此，残酸中控制 Fe^{3+} 沉淀非常必要。目前主要用铁离子稳定剂控制 Fe^{3+} 沉淀。评价铁离子稳定剂的方法是依据 SY/T 6571—2012 测定铁离子稳定剂的稳铁能力。优选实验见表 3-51。

表 3-51　铁离子稳定剂优选结果数据表

铁离子稳定剂名称	稳定剂用量/g	$FeCl_3$体积/mL	$FeCl_3$浓度/(mg/mL)	稳定铁离子能力/(mg/g)
稳定剂 A	2	21	5	52.5

续表

铁离子稳定剂名称	稳定剂用量/g	FeCl₃体积/mL	FeCl₃浓度/(mg/mL)	稳定铁离子能力/(mg/g)
稳定剂 B	2	60	5	150
稳定剂 C	2	45	5	112.5
稳定剂 D	2	45.5	5	113.5
稳定剂 E	2	44	5	110
稳定剂 F	2	84	5	210

铁离子稳定剂 F（TL-01）是非常好的铁离子稳定剂。

③ 黏土稳定剂的优选　地层中含有多种黏土矿物，蒙脱石、伊/蒙混层、绿/蒙混层最易产生膨胀，也是最敏感的黏土矿物。因此，酸液中必须加入有效的黏土稳定剂。黏土稳定剂优选依据 SY/T 5971—2016 规定进行，优选出防膨率最大的产品。优选结果见表 3-52。

表 3-52　黏土稳定剂优选结果数据表

产品名称	防膨剂浓度/%	黏土质量/g	离心后体积/mL	防膨率/%
FP-01	1	0.5	17.1	63.79
FP-02	1	0.5	17.1	63.79
FP-03	1	0.5	11.3	80.95
FP-04	1	0.5	11.8	79.42
FP-05	1	0.5	13.2	74.81
FP-06	1	0.5	10.2	83.03
BHFP-02	1	0.5	8.9	88.87
NH₄Cl	1	0.5	11.6	80.74
湛江样品	1	0.5	16.6	65.05
煤油	—	0.5	5.1	—
蒸馏水	—	0.5	38	—

实验结果（防膨率数据）看，黏土稳定剂 BHFP-02 在同类产品中性能较好。

④ 沉淀抑制剂评价　含有钙质的砂岩酸化时氟化物沉淀是需要解决的重要问题。由于该类沉淀控制难度较大，所以此问题对酸化能否成功起关键作用。沉淀抑制剂 FCY-6 对氟化钙、六氟硅酸钾、六氟硅酸钠等氟化物

沉淀有很好地溶解和控制作用。实验方法是测定其对氟化钙、六氟硅酸钾、六氟硅酸钠的溶蚀率，或者直接观察氟化物浑浊程度的变化情况。实验结果见表 3-53 至表 3-55。从实验结果看，FCY-6 即能溶蚀氟化物，也能抑制氟化物沉淀。

表 3-53　氟化物溶蚀实验结果数据表

温度/℃	50	70	90
CaF_2 溶蚀率/%	37.8	51.5	63.2
K_2SiF_6 溶蚀率/%	95.2	98.5	99.2
Na_2SiF_6 溶蚀率/%	97.3	99.6	99.8

表 3-54　沉淀控制实验结果数据表

酸液配方	反应现象		
	滴加 $CaCl_2$ 溶液	滴加 NaF 溶液	滴加 KF 溶液
12% HCl+3% HF+0.5% H_2SiF_6	白色沉淀	白色浑浊、沉淀	白色浑浊、沉淀
12% HCl+3% HF+0.5% H_2SiF_6+3% FCY-6	液体澄清	液体澄清	液体澄清

表 3-55　岩心流动及 X 光衍射实验结果数据表

酸液配方	渗透率/mD		酸后 X 光衍射分析	备注
	酸前	酸后		
12% HCl+3% HF	94.8	12.6	有 CaF_2、K_2SiF_6、Na_2SiF_6 峰值	岩心钙质 15.3%
12% HCl+3% HF+6% FCY-6	98.5	96.8	无 CaF_2、K_2SiF_6、Na_2SiF_6 峰值	

⑤ BHJ3-G 型酸液体系添加剂性能参数见表 3-56。

表 3-56　BHJ3-G 型酸液体系添加剂性能参数表

添加剂类型	代号	含量	性能参数
助排剂	HP-8	2%	表面张力：25.6mN/m；界面张力：0.3mN/m；油水乳化液破乳率：98.7%
铁离子稳定剂	TL-01	2%	稳定铁离子能力：210mg/g
黏土稳定剂	BHFP-02	2%	防膨率：88.87%
沉淀抑制剂	FCY-6	7%	90℃ CaF_2 溶蚀率：63.2%
缓蚀剂	HSJ	3%	90℃ 4h 腐蚀速率 1.78g/(m²·h)
水伤害处理剂	JP-4	3%	表面张力 29.5mN/m；界面张力 3.2mN/m

⑥ 结论　通过对 BHJ3-G 酸液体系添加剂进行优选评价，该酸液体系在助排、铁离子稳定、黏土稳定、沉淀抑制、缓蚀、水伤害处理等方面具有较好的效果。

（5）无机解堵液解除钻完井液污染模拟实验　岩心基本数据见表 3-57。

表 3-57　WZ6-9-3 井 1 号岩心基本参数

岩心井号	取心深度/m	岩心长度/cm	岩心直径/cm	气测渗透率/mD	岩心孔隙度/%
WZ6-9-3	2614.3～2615.2	5.45	2.543	135.4	20.9

① 模拟酸液解除钻完井液过程　岩心原始渗透率 K_1 为 46.1mD；钻井液注不进去，用地层水也注不进去，端面切除后用地层水测渗透率 K_2 为 40.1mD；完井液有一定的解堵效果。K_3 为 44.2 mD；酸液解堵后 K_4 为 64.6 mD，岩心渗透率恢复率为 140.13%，结果见图 3-26。说明酸液对地层有一定的改造作用。

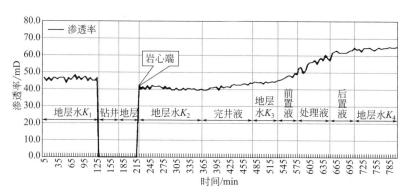

图 3-26　BHJ3-G 酸液解除钻完井液实验 1

② 模拟酸液解除钻井液过程　继续用同一块岩心进行钻井液解堵实验。岩心原始渗透率 K_1 为 64.0mD；钻井液注不进去，然后直接用酸液解堵，酸液解堵后 K_2 为 51.8mD，岩心渗透率恢复率为 80.94%，结果见图 3-27。说明酸液能够解除钻井液堵塞。

3.6.3　典型应用案例

润洲 6-9 油田 WZ6-9-A5 井、WZ6-9-A8 井、WZ6-9-A6 井在钻井过程中均采用 PLUS/KCl 钻井液体系，完井均采用隐形酸体系。这三口井完井排液情况相似，投产后都未达到油藏预期。经分析，这 3 口井都存在钻完井

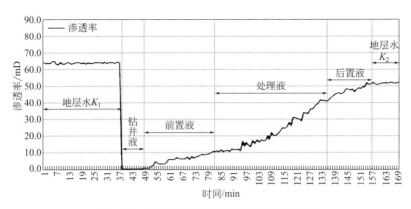

图 3-27　BHJ3-G 酸液解除钻完井液实验 2

液污染。通过对油藏基础资料的分析及大量室内实验研究，最终采用改性硅酸复合解堵液体系对这 3 口井进行解堵作业，且都取得了较好的效果。

3.6.3.1　解堵剂用量设计

考虑到 WZ6-9-A5 井有机堵塞比较严重，设计 QX-01 有机解堵剂处理半径为 1.2m；FS-01 重垢分散剂溶液能对 QX-01 有机解堵剂没有溶解的有机堵塞物进行溶解分散，并且能够降低近井地带的残余油饱和度，设计 FS-01 重垢分散剂溶液处理半径为 2m；综合考虑该井井况，设计 BHJ3-G 酸液体系处理半径为 1m，设计表见 3-58。

表 3-58　解堵液规模设计表

液体名称	液量/m³
QX-01 有机解堵剂	28
FS-01 重垢分散剂	75
BHJ3-G 改性硅酸	20
前置液	15
后置液	5

3.6.3.2　施工参数及泵注程序

该井注入困难，该井采油树耐压等级（34.5MPa）及 7″油管封隔器耐压等级（34.5MPa），结合试注作业时，25MPa 注入压力下注水量仅为 139.44m³/d（5.81m³/h），因此将高压流程试压等级定为 30MPa，泵注压力结合注水测试压力定为 25MPa，因为泵注可能会比较困难，所以现场泵注时限压不限排量（按清水计算，预计排量只有 0.022m³/min，泵注有机及酸液时，排量会有所增加）。解堵泵注程序表见 3-59。

表 3-59　解堵泵注程序表

层段	段塞名称	液量/m³	备注
W₃Ⅳ	处理液 1	28	有机解堵液
	处理液 2	75	重垢分散液
	前置液	15	BHJ3-A
	处理液 3	20	BHJ3-G
	后置液	5	BHJ3-A
	顶替液	25	注入水
总液量		168	—

3.6.3.3　现场实施情况及效果分析

泵注 1♯处理液（QX-01 有机解堵剂）28m³，泵注压力 23～25MPa，排量 3.6～7.8m³/h，关井反应等待 24h。施工曲线见图 3-28。

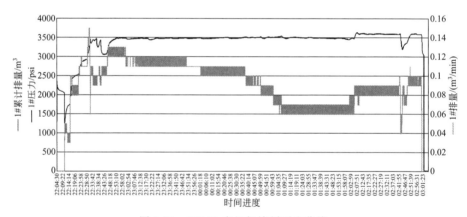

图 3-28　QX-01 有机解堵剂泵注曲线

泵注 2♯处理液（FS-01 重垢分散液）75m³，泵注压力 24～25MPa，排量 6.6～7.8m³/h，关井反应等待 48h。施工曲线见图 3-29。

泵注 3♯处理液（20m³ BHJ3-A 前置液及后置液，20m³ BHJ3-G 无机解堵液），泵压 25MPa，排量逐渐上升至 20.4m³/h 稳定；泵注顶替液 25m³，稳定排量 15m³/min，泵压 22～20MPa（呈下降趋势）。施工曲线见图 3-30。

涠洲 6-9 油田生产形势严峻，多口井因地层压力下降过快急需注水补充能量，而 WZ6-9-A5 井初期平均注水量 45m³/d，经过地面流程改造提高注水压力后 W3Ⅳ油组仍不能满足油藏需求。2014 年 2 月 25 日至 3 月 6 日进行现场作业后该井注水量由解堵前 17.16MPa 下 69.12m³/d 提高至解堵后

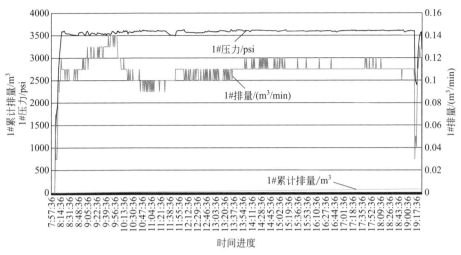

图 3-29　FS-01 重垢分散剂泵注曲线

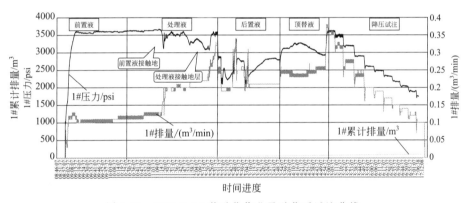

图 3-30　WZ6-9-A5 井酸化作业及酸化后试注曲线

17.50MPa 下 252m³/d，吸水指数由解堵前 5.58m³/（d·MPa）提高至解堵后 38.61m³/（d·MPa），增幅高达 591.94%，截至目前措施仍持续有效。解堵效果评价表见表 3-60。解堵前后视吸水指示曲线见图 3-31。

表 3-60　WZ6-9-A5 井解堵效果

对比项	解堵前	解堵后	差值	增幅
注水量/（m³/d）	71	231	160	229%
视吸水指数/［m³/（d·MPa）］	8.58	38.61	30.03	350%
注水启动压力/MPa	9.08	10.90	1.82	20.04%

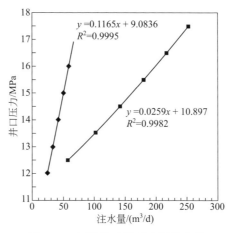

图 3-31　解堵前后视吸水指示曲线

该解堵液体系成功应用表明改性硅酸解堵液体系对 PLUS/KCl 及隐形酸造成的钻完井液伤害、原油中的重质组分伤害有较好的解除效果，对因储层伤害产生的低产低效井具有重要借鉴作用。

3.7　快速冲洗解堵技术

文昌 19-1 油田 ZJ2-1 油组平均孔隙度 21.4%，渗透率 552.1mD，属于中高孔、中高渗储层。岩性以细砂岩为主、胶结疏松，且黏土矿物主要为伊利石、高岭石、伊/蒙混层，存在弱速敏、中偏强水敏。该油田众多生产井存在见水后表皮系数增大，产量下降现象，其中 Wen19-1-A9hb 井见水后产液量从 230m³/d 下降到 119m³/d，产液指数从 83m³/（d·MPa）下降到 39m³/（d·MPa）。为提高产能，前期采用酸化解堵措施进行增产作业，作业初期增油效果显著，但普遍存在有效期短、无法稳产且作业成本高的缺点。为了摸清 ZJ2-1 油组产能下降真实原因，降低作业费用，提高作业效率，进一步释放文昌 19-1 油田产能，需开展低成本、高效增产措施研究。

3.7.1　技术原理

根据上述分析，造成文昌 19-1 油田 ZJ2-1 油组低产低效原因为储层见水后微粒运移包裹原油重质组分形成黏弹性的固相微粒堵塞近井地带及筛管。而前期解堵过程中由于多氢酸酸性过强导致酸化有效期短，无法达到长期有效的措施效果。针对上述不足，拟通过下述 2 种途径，构建一套冲洗解堵液体系，形成一套适用于疏松砂岩增产的"冲洗筛管解堵工艺"。

（1）构建弱酸进攻型冲洗液体系　利用弱酸性螯合剂替换强酸解堵液，既能够溶蚀部分胶结物，疏通油流通道，又避免破坏储层骨架，延长作业有效期。同时优选配套黏土稳定剂、缓蚀剂，进一步加强储层保护性能，保证入井液体与地层配伍性。

（2）利用压力脉冲工艺，冲刷筛管　根据工程力学，井筒附近应力集中、压降最大，泥砂易吸附在筛管表面造成堵塞。利用泥浆泵不同泵压形成压力脉冲，多轮次冲洗配合酸性溶蚀作用，使堵塞物松动脱落。

3.7.2　体系构建及参数指标

3.7.2.1　冲洗液配方构建

（1）酸性螯合剂加量优化　弱酸螯合剂 HTA 在水中能够释放 H^+，对钙质等胶结物具有一定溶蚀作用，并且自身基团能够螯合 Ca^{2+}、Mg^{2+}，避免产生成垢离子二次反应造成地层堵塞。HTA 的酸性与浓度有关，采用储层岩屑考察不同浓度 HTA 的溶蚀作用，结果见表 3-61。

表 3-61　HTA 岩屑溶蚀实验结果表

HTA 加量/%	不同时间对钻屑的溶蚀率(%)							
	24h		平均值	72h		平均值	120h		平均值
0.5	4.00	4.52	4.26	3.58	4.99	4.28	4.79	4.10	4.44
1.0	3.95	5.27	4.61	4.39	4.96	4.68	4.62	4.90	4.76
1.5	5.54	7.05	6.29	6.51	6.27	6.39	6.48	6.31	6.39

由表 3-61 可知，随着 HTA 浓度的增加溶蚀率由 4.26% 上升到 6.29%，并且随时间延长溶蚀率变化不大。相比多氢酸 6h 溶蚀率 20%，溶蚀率大大降低，仅对部分可溶性胶结物反应，保证储层骨架完整性。

（2）黏土稳定剂优选　文昌 19-1 油田 ZJ2-1 油组为疏松砂岩油藏，泥质含量 20%，黏土矿物以伊利石、高岭石为主，易造成黏土膨胀、微粒运移堵塞储层伤害。针对上述伤害要求冲洗液具有良好的抑制性，对市售 6 种黏土稳定剂进行筛选。评价方法根据中国石油天然气行业标准 SY/T5971—2016 规定执行，结果见表 3-62。

表 3-62　黏土稳定剂评价结果表

黏土稳定剂浓度/%	黏土稳定剂防膨率/%						
	LH-1	PF-UH1B	PF-GJC	PF-HCS	BH-FP01	HCOOK	KCl
0.50	60	48.7	49.5	60.7	74.5	74.5	80.7
1.00	75.3	64.7	68	69.8	80	80.4	84
1.50	76.4	70.2	73.1	78.9	85.8	82.2	84.4
2.00	77.5	74.2	76.7	79.3	84.4	86.5	88
2.50	78.9	74.9	77.1	79.3	86.9	86.2	86.9
3.00	80.7	78.5	78.5	78.9	86.5	85.5	89.5
3.50	82.5	77.8	79.3	80	85.1	86.2	88.4
4.00	82.5	81.1	81.1	82.5	87.3	87.6	88.7
4.50	82.9	81.5	80.4	82.5	85.8	85.1	89.8
5.00	83.6	84	82.9	83.6	87.3	88.4	

由表 3-62 可知，随着黏土稳定剂浓度的增加，防膨率逐渐升高，当达到一定浓度时，防膨率基本不再变化，其中 KCl 防膨率要优于其他添加剂，2%浓度时防膨率达到 88%（超过海油标准 85%）。

（3）缓蚀剂加量优化　此次优选的冲洗液体系整体为弱酸性，为避免对井下管柱造成腐蚀伤害，加入常用 CA101 缓蚀剂，以过滤海水＋2.0%KCl＋1.5%HTA 为实验基液，评价了其对 N80 钢的腐蚀性能以及缓蚀剂 CA101 加量对其缓蚀效果，实验结果见表 3-63。

评价方法采用腐蚀失重法，根据 GB/T10124—88《金属材料实验室均匀腐蚀全浸试验方法》、中国石油行业标准 SY/T5273—2014《油田采出水处理用缓蚀剂性能指标及评价方法》进行试验。

表 3-63　冲洗液腐蚀性评价表（实验周期 24h/80℃/N80 钢）

CA101 浓度/%	片号	W_1/g	W_2/g	ΔW/g	年腐蚀速率/(mm/a)
0	8306	13.6002	13.4655	0.1347	1.04253
0.3	8328	12.6174	12.4988	0.1186	0.91792
0.5	8329	12.2167	12.2029	0.0138	0.10681
0.8	8325	12.5428	12.5384	0.0044	0.03405
1.0	8316	12.8408	12.8375	0.0033	0.02554
1.5	8318	13.6348	13.6306	0.0042	0.03251

未加缓蚀剂前，冲洗液对钢材有明显的腐蚀性，但通过添加缓蚀剂1%~1.5%CA101后可大幅度降低腐蚀速率，满足冲洗解堵作业要求。

（4）冲洗液配方 优选形成冲洗解堵液配方为：1m³ 过滤海水＋1.5%~2%酸性螯合剂 HTA＋2%~2.5%黏土稳定剂 KCl＋1%~1.5%缓蚀剂 CA101。

3.7.2.2 冲洗液性能评价

（1）配伍性评价 评价方法参照《完井液性能评价指标 第一部分：无固相水基完井液》，实验结果见表 3-64。

实验结果表明，冲洗液与地层水混合后无色透明、无分层、无沉淀，表明冲洗解堵液与地层水配伍性好。

表 3-64 地层水与冲洗液的配伍性实验结果表

冲洗液/地层水	浊度值/NTU		现象
	加热前	90℃ 加热 12h 后	
1：9	0.3	2.2	无浑浊
5：5	0.4	2.2	无浑浊
9：1	0.5	2.3	无浑浊

（2）综合储保性能评价 评价方法参照 SY/T6540—2002《钻井液完井液损害油层室内评价方法》，具体步骤如下：

① 将天然岩心抽空饱和模拟地层水，老化24h待用；

② 正向煤油驱替测定岩心初始渗透率 K_o；

③ 反向用冲洗液驱替至5PV，80℃反应6h；

④ 正向煤油驱替测定岩心污染后渗透率 K_{od}，并计算 K_{od}/K_o，结果见表 3-65。

表 3-65 冲洗液储层保护实验结果表

岩心标号	污染前煤油岩心渗透率 K_o/mD	污染后煤油岩心渗透 K_{od}/mD	渗透率恢复 R_d/%
1#	82.14	74.13	90.25
2#	69.37	62.67	90.34

实验结果表明，优选的冲洗解堵液岩心渗透率恢复值超过90%，具有良好的储层保护性能。

3.7.3　典型应用案例

2016 年 5～8 月，利用该技术对文昌 19-1 油田 5 口井进行现场作业，效果显著。

3.7.3.1　用量设计

此次冲洗解堵作业重在解除水平段筛管及近井地带堵塞，参照海洋行业标准 Q/HS2040—2008《海上砂岩油田油井酸化工艺实施要求》，冲洗半径考虑 0.8m，以 Wen19-1A9hb 井为例，水平段 400m，孔隙度 25.2%，按照式（3-3）计算需要冲洗液 200m³。

$$Q = \pi r^2 h \phi \tag{3-4}$$

式中　Q——冲洗液用量，m³；

　　　r——冲洗半径，m；

　　　h——水平段长度，m；

　　　ϕ——孔隙度，%。

3.7.3.2　施工参数及泵注程序

冲洗作业利用现场泥浆泵进行，考虑地层承压、井下工具承压及管线承压要求，泵注压力控制 12MPa 以下，不动管柱正挤冲洗液至筛管及近井地带。

冲洗过程采用梯度增压、缓冲冲洗的方式，以试注时泵压为 6MPa 时的泵注排量为基准，进行恒排量泵注，每泵注 50m³ 冲洗液，提升一次泵注排量，泵注排量分别为试注时泵压为 6MPa、8MPa、10MPa、12MPa 下的泵注排量，现场记录泵压、排量及泵注量的变化。

3.7.3.3　现场实施情况及效果分析

现场采用过滤海水进行配液，监测排出液浊度小于 30NTU 后，按照 2.5%KCl、2.0% HTA、1.5% CA101 顺序，利用泥浆池配液 200m³。

施工以 Wen19-1-A9hb 为例。利用滑套开关工具打开井底滑套建立流体通道后，导通地面正挤流程，进行试挤注，泵排量 4.29～11.44L/min（30～80spm），泵压为零，累计挤注 30m³；继续挤注，泵压缓慢上涨，以泵排量 9.30～11.44L/min（65～80spm），泵压 4.14～5.52MPa，进行挤注洗井，累计挤注洗井液 200m³，停泵。

Wen19-1-A9hb 井作业后油井产能提升 6 倍，产液量由 45m³/d 增至 239m³/d，5 井次作业日增油超过 100m³，目前累计增油超过 1.5×10⁴ m³，有效期长达 6 个月，该技术与常规酸化相比，规避了酸化后进一步加剧微粒运移风险，且单井作业成本降低 100 余万元，具体效果见图 3-32，后续应用效果见表 3-66。

表 3-66　冲洗解堵井效果对比表

	油井	日产油/(m³/d)	日产液/(m³/d)	含水率/%	采液指数/[m³/(d·MPa)]	生产压差/MPa
洗井前	A1H	113	1651	93.2	391	4.2
	A2H	62	723	91.4	213	3.4
	A9hb	13	45	71.1	14	3.2
	A12H	30	140	78.6	27	5.2
	B2H1	0	0	0	—	—
洗井后	A1H	149	2099	92.9	509	4.1
	A2H	95	987	90.4	—	—
	A9hb	61	243	74.9	95	2.6
	A12H	21	86	75.6	—	—
	B2H1	10	77	88	—	—
洗井前后差值	A1H	36	448	0.3	118	0.1
	A2H	33	264	1.0	—	—
	A9hb	48	198	3.8	81	0.7
	A12H	−9	−54	3.0	—	—
	B2H1	10	77	88	—	—
目前	A1H	100	1262	92	—	—
	A2H	112	934	87.8	—	—
	A9hb	46	181	74.7	—	—
	A12H	46	127	67	—	—
	B2H1	15	101	85	—	—
洗井后下降幅度	A1H	−49	−837	−0.9	—	—
	A2H	17	−53	−2.6	—	—
	A9hb	−15	−62	−0.2	—	—
	A12H	25	41	−8.6	—	—
	B2H1	5	24	−3	—	—

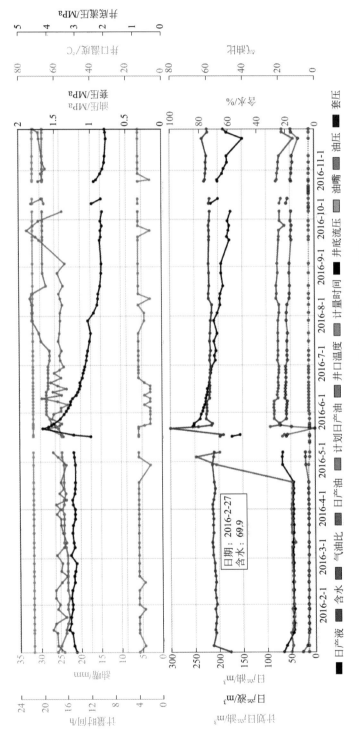

图 3-32　Wen19-1-A9hb 井冲洗前后生产曲线图

第4章

南海西部油气田特色硫酸钡锶垢综合治理技术

在油田开发过程中，地面集输系统、油水井管柱及地层中的结垢是一个十分突出的问题，通常会造成设备损坏、管道阻流和产液量下降；同时结垢也增加了油井的修井作业量，严重者会造成油井停产或报废。

目前，涠洲油田群注水开发油田井下普遍存在硫酸钡垢和碳酸盐垢问题。其中，结垢油田主要集中在涠洲 12-1 油田、涠洲 11-1 油田和涠洲 11-1N 油田。受井下防垢工艺的限制，井下结垢影响油井产量的问题日益突出。截至目前，涠洲油田群已发现结垢井多达 70 余井次，保守估算每天制约原油产量 500m³，严重影响油田生产的稳定、高效运行。同时受结垢影响，修井作业难度大大增加，每年增加作业成本 800 余万元。例如，WZ11-1-A3 井 2016 年 7 月钻井船修井作业时，由于产层附近落鱼管柱内外壁结大量硫酸钡垢，打捞管柱遇到较大阻力、起管柱困难，耽误作业工期近两天，增加作业成本约 120 万元。

在涠洲油田群开发生产过程中,地下储层、采油井套管、生产油管以及地面油气集输系统设备都存在一定的结垢问题。通过对油井结垢位置的梳理发现,油井结垢主要集中在电泵、中心管、射孔枪、支管等位置,尤其以电泵处最为突出,这些位置温度、压力、流速变化大,而且流通通道相对小,易于垢的析出和附着。涠洲油田群地层水较为复杂,导致油井结垢类型复杂多样,多为碳酸盐垢及硫酸钡锶垢组成的混合垢,由于结垢位置复杂、结垢类型多样,单一防治措施无法完全解决问题。

湛江分公司经过十几年的攻关研究,创造性地提出"化学螯合除垢"+"地层挤注缓释防垢"的化学除防垢措施,配合恩曼贵金属防垢、连续油管水力射流除垢+连续油管磨铣除垢、涂层防垢等物理除防垢措施,多种防治手段并举,有效解决油井结垢问题。

4.1　化学螯合除垢技术

4.1.1　技术原理

硫酸钡锶垢较坚硬,且采用一般的酸液浸泡,难以产生较好的溶解效果。针对这类结垢井治理,创造性地提出"化学螯合除垢"手段。所用除垢剂为 CSD301,或者是采用 EDTA 与 DTPA 复配而成。一般从井口挤注除垢剂至近井地层(包括井底井筒位置),因井底为难溶的硫酸钡锶垢,需浸泡反应 24h 以上。除垢原理为螯合作用:阻垢剂旳阴离子与溶液中的 Ba^{2+}、Sr^{2+} 等成垢阳离子能够形成较为稳定的可溶性螯合物,如图 4-1 所示,从而将成垢阳离子封锁起来,阻止成垢阳离子和溶液中的成垢阴离子接触而产生沉淀,提高了成垢阳离子在溶液中的允许浓度,相对来说也就是增加了微溶盐在溶液中的溶解度,以起到阻止无机垢形成的作用。

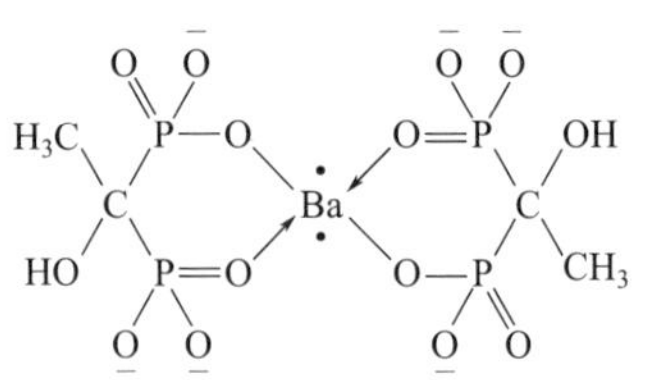

图 4-1　除垢剂与钡离子的螯合

4.1.2　除垢剂室内评价

4.1.2.1　除垢剂溶垢效果评价

筛选出的除垢剂实验浓度为 40%,使用 2% 的 KCl 溶液稀释而成。实验温度为 80℃，溶剂与垢样比例约 10∶1。实验结果见表 4-1。

表 4-1　除垢剂溶解垢样效果表

编号	样品	溶垢时间/h	溶垢率/%
1	块状垢	24	29.1
2	块状垢	48	31.9
3	砂状垢	24	35.5
4	砂状垢	48	37.3

随着溶垢时间的延长，除垢剂的溶垢率逐渐增大。后期实验发现，若把溶剂与垢样比例调整为 100∶1，则 4d 内可基本溶解完全。室内实验硫酸钡溶解度约 100mL 溶解 1g。

为了符合现场实际情况，选用现场结垢油管进行溶垢实验。

由图 4-2 可知，经过三轮次换液浸泡，结垢油管上的垢样基本完全溶解。因此，为达到最佳的除垢效果，除垢作业过程中，需要对井筒中的除垢剂进行更替，可通过浸泡一段时间-再挤注-再浸泡-再挤注，或浸泡-返排-浸泡来实现。然而，多次浸泡挤注除垢剂容易造成垢溶解后杂质析出被挤入堵塞地层，考虑到现场情况，推荐现场除垢方案为浸泡-返排。

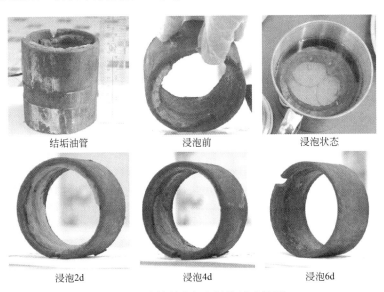

结垢油管　　　　　　浸泡前　　　　　　浸泡状态

浸泡2d　　　　　　浸泡4d　　　　　　浸泡6d

图 4-2　除垢剂溶解实际结垢油管图
（每隔 2d 换液一次，80℃）

4.1.2.2　除垢剂岩心伤害评价

为考察除垢剂对岩心的伤害程度，进行了岩心流动实验，实验岩心为W3井岩心，实验步骤为：① 地层水饱和与渗透率测量；② 油饱和与渗透率测量；③ 地层水饱和至残余油；④ 第一次反向注入除垢剂；⑤ 油相渗透率测定；⑥ 水相渗透率测定；⑦ 第二次反向注入除垢剂；⑧ 油相渗透率测定；⑨ 水相渗透率测定。

表 4-2　除垢后水相渗透率恢复率

阶段	流体	渗透率/mD	恢复率/%
残余油的水测渗透率	地层水	9	n/a
第一次除垢后水相渗透率	地层水	8	88.88
第二次除垢后水相渗透率	地层水	10	111.1

表 4-3　除垢后油相渗透率恢复率

阶段	流体	渗透率/mD	恢复率/%
束缚水的油测渗透率	煤油	55	n/a
第一次除垢后油相渗透率	煤油	83	150.91
第二次除垢后油相渗透率	煤油	74	134.5

通过表 4-2 和表 4-3 岩心实验，结果表明：所筛选的溶垢剂对岩心伤害较小，具有良好的储层保护效果。实验过程中流出物中无微粒流出，除垢剂 B1 能满足地层除垢作业的要求。

4.1.3　典型应用案例

WZ12-1-A1 井结垢成分主要为硫酸钡，通过优选硫酸钡/碳酸盐除垢剂B1，并于 2013 年 11 月实施除垢作业。

4.1.3.1　结垢井简介

WZ12-1-A1 井是油田中块的一口采油井，目前生产层位为 W_3 Ⅳ 油组 D 砂体。该井受注水影响。该井历年作业多次发现结垢现象，结垢情况如下。

① 2004 年 11 月修井作业日报结垢现象描述　继续起切割的原井管柱，无遇卡现象；在钻台立 90 柱丝扣完好、无变形的 3-1/2" EUE 后，其余油管甩单根，每 30 根打一捆，油管内壁均有约 1mm 厚淡黄色的垢。起出原井封隔器，封隔器上部滑套内有少量垢，封隔器胶皮有轻微磨损；封隔器、

滑套及封隔器以上油管外壁均干净无垢。继续起出封隔器以下管柱；每根油管接箍上下 3～4m 均有 2～5mm 的硬质垢，接箍处最厚；滑套外壁干净，但内壁有较多厚约 5～8mm 的垢；封隔器下第 6 根油管有被腐蚀的 2 个疤痕。继续起出原井油管，第 2 个封隔器以下第 5 根油管至滑套结垢严重厚，封隔器以下第 5 根油管 3 处被腐蚀，其中 2 处穿孔，1 孔附近油管内壁有结垢，油管外壁结垢最厚有 10mm，切割短节长 0.61m，切口最大外径 106mm。

② 2011 年 11 月修井作业日报结垢现象描述　继续起生产管柱至电泵机组，发现自 Y 接头上部 20m 开始结垢。

③ 2013 年 8～9 月打捞分层管柱作业结垢情况　从现场情况来看，打捞出的分层管柱外壁基本无结垢，然而内壁结垢却多，如图 4-3 所示，这是因为产出液并不在外壁流经。产出液流经途径为近井地层—孔眼—铣孔处（第一个滑套不能打开，之前已铣孔）—油管内壁—导向头内壁—出导向头的 7″套管内壁。因打捞前进行了分层管柱内壁磨铣作业，铣锥外径 72mm，油管内径 76mm，只有 4mm 缝隙，在磨铣过程中，垢样已基本上被去除，所以无法判断打捞起来的油管内壁结垢程度。

图 4-3　WZ12-1-A1 井分层管柱内壁结垢

经分析，垢样主要成分为硫酸钡，这与 A3 井和 A5 井井底发现的垢样为同一类型。从大修作业结垢现象来看，产出液流经的地方均发现结垢，所以近井地层和炮眼孔眼出现结垢的可能性极大。因此，开展 A1 井除垢处理，从而疏通近井地层和孔眼通道很有必要。

4.1.3.2　除垢工艺设计及施工参数

除垢工序如下，加量见表 4-4。

（1）停泵，导通正循环流程。

（2）如环空液面已满，则直接进入第三步，否则正循环注入过滤海水至环空满液面。

（3）注入 $6m^3$ 前置液＋ $2m^3$ 主剂后，关闭环空，实行正挤。

（4）继续正挤 $10.8m^3$ 除垢剂主剂＋ $11m^3$ 柴油。

（5）关闭井口浸泡 24h。

（6）启动电潜泵进行返排，确认产出液的 pH 值与原产出液一致后，再运转 8h，确保返排完全。期间进行取样。

表 4-4　除垢工序加量表

步骤	内容	流量	体积/m^3	药剂	备注
1	前置液	0.1～0.2m^3/min	6	$6m^3$2％KCl(淡水)	清洗
2	主剂		12.8	$8m^3$除垢剂 B1 原液＋$12m^3$ 2％KCl(淡水)	除垢
3	顶替液		11	柴油	顶替生产管柱油管内体积
4	关井 24h				
5	启动电潜泵返排并取样				

4.1.3.3　现场实施情况及效果分析

WZ12-1-A1 井结垢成分主要为硫酸钡，通过优选硫酸钡/碳酸盐除垢剂 B1，并于 2013 年 11 月实施除垢作业，从井口挤注除垢剂至近井地层（包括井底井筒位置），并浸泡反应 24h 以上。

图 4-4 是除垢前后 A1 井的水样离子浓度变化曲线。从返排液 pH 值曲线可以看出，返排 4h 左右，除垢剂 B1 主液基本返排完毕，pH 值峰达到 12.3 低于主液 B1 的 pH 值。实测离子浓度结果与期望的数值一致，油井产出液中 SO_4^{2-} 浓度从处理之前的 690mg/L 增加到 4220mg/L；由于垢被溶解的缘故，Ba^{2+} 浓度从 0mg/L 增加到 1521mg/L；Sr^{2+} 从 36mg/L 增加到 1302mg/L；Mg^{2+} 浓度变化不大，Ca^{2+} 浓度稍微增加。从除垢前后离子浓度变化曲线可见，除垢剂返出明显，结垢离子浓度显著上升，除垢效果明显，根据曲线积分面积，对离子浓度估算，溶解硫酸盐结垢约 90kg，取得了一定除垢效果。

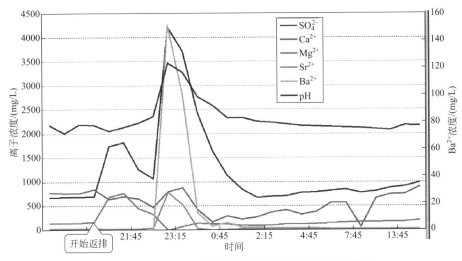

图 4-4　WZ12-1-A1 井除垢前后水样离子浓度变化曲线

4.2　地层挤注缓释防垢技术

4.2.1　技术原理

目前，化学法是国内外油田常用的防垢措施中应用最多、效果最好的方法。化学法防垢主要是使用防垢剂，其投放方法主要有泵入法、固体防垢块法和挤注法。前两种方法的主要不足在于只能防治井筒及以上设备的结垢，对近井地带及孔眼内的垢无效；挤注法是将防垢剂挤注到地层内一定深度，利用防垢剂的吸附特性，使防垢剂吸附在岩石表面上，当生产井投产后，防垢剂缓慢解析或溶解于产出液中起到防垢作用，既可防治近井地带的结垢，也可防治井筒内和管线设备上的结垢。一般挤注半径为 2～5m，有效期 6～24 个月。

4.2.2　防垢剂室内评价

前期通过配伍性实验优选出防垢剂 SA3070 与地层水及海水以不同比例混合均澄清透明。

动态有效性能实验结果表明：空白实验成垢时间长度为 55min。按 2.5 倍标准，防垢剂浓度通过标准定为 140min。SA3070 防垢性能较好，能在 140min 内维持基本不结垢状态。静态有效性能结果表明：地层水和海水按 50∶50 的比例混合时，20mg/L、30mg/L、40mg/L 和 50mg/L 浓度的

SA3070 均能保持有效的 $BaSO_4$ 垢抑制性能。防垢率高于 75％。尤其是在 24h 之后，30mg/L、40mg/L 和 50mg/L 的 SA3070 仍然能提供 80％的防垢效率。

吸附性能和岩心伤害实验结果表明：岩心驱替 1000PV 时，SA3070 的浓度是 15mg/L；驱替 2200PV 时，SA3070 的浓度是 4mg/L，仍然可以达到防垢最低有效浓度。

在岩心实验过程中，通过测定处理前后油相和水相的渗透率变化来评估防垢剂对地层的潜在伤害。

岩心：WZ12-1-3 井，3055.57m，W_3 Ⅳ/D 油组岩心。

流体：煤油；地层水和海水的混合液。

全过程为：水①-油①-水②-反注药剂-油②-水（大量）③-油③-水④实验结果如表 4-5 所示。

表 4-5   油水相渗透率恢复率

阶段	流体	流向	渗透率数据/mD	恢复率/％
油①	煤油	正向	304	—
油②	煤油	正向	361	118.8
油③	煤油	正向	349	114.8
水②	地层水	正向	197	—
水④	地层水	正向	168	85.3

从表 4-5 中的数据可知，注入化学剂过程中的压差说明药剂对岩心没有伤害，在整个过程中，排出样品中没有任何碎屑。在注完化学剂之后，油相渗透率有一个很好的恢复率，达到 118.8％。SA3070 表现出很好的吸附特性，在大约 1200PV 时候防垢剂 SA3070 的浓度降到大约 5mg/L，大于通过测试得到的 MIC（2～4mg/L）。综上，防垢剂 SA3070 岩心试验，没有出现伤害，返排特性好，能够用于挤注防垢。

4.2.3 典型应用案例

2016 年 4 月，地层挤注缓释防垢技术在 WZ12-1-B9 井进行了现场先导性试验。

4.2.3.1 结垢井简介

WZ12-1-B9 井于 2003 年 12 月 16 日投产。投产初期自喷，2006 年 4 月

22 日下泵转抽生产一直欠载。生产过程中多次出现欠载、滑套无法正常开关现象，多次修井作业发现管柱结垢。

2006 年 4 月修井作业发现射孔枪结垢严重，底部两支枪枪眼几乎被垢堵住，最厚部分有 3mm，结垢现象如图 4-5 所示。

图 4-5　2006 年 4 月修井作业 WZ12-1-B9 井结垢现象

2015 年 1 月修井作业发现电泵内部结垢卡死，此垢样经分析为硫酸钡，叶轮结垢导致产量大幅下降，结垢现象如图 4-6 所示。

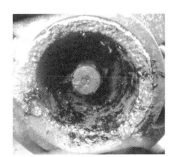

图 4-6　2015 年 1 月修井作业 WZ12-1-B9 井结垢现象

2016 年 4 月修井作业发现滑套及油管结垢严重，结垢现象如图 4-7 所示。

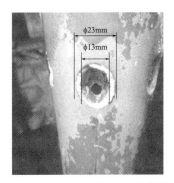

图 4-7　2016 年 4 月修井作业 WZ12-1-B9 井结垢现象

B9 井多次发现结垢，且均为井底硫酸钡结垢，导致流道堵死，严重影响产量。2015 年 1 月换泵后产量立刻恢复，但很快再次下降，通过对 W$_2$Ⅳ 油组铣孔，产量再次恢复，表明结垢堵塞了滑套，2016 年修井作业发现滑套堵塞严重。2016 年 4 月完成 B9 除垢作业，除垢后产量大幅提升，为避免再次结垢，有必要开展防垢作业。

4.2.3.2　防垢工艺设计

根据国内外矿场经验，防垢半径一般设计为 2～5m，若该井检泵后产能未恢复至躺井前、结垢较严重，则设计防垢半径为 2.68m 防垢剂体系各组分设计用量见表 4-6。

表 4-6　WZ12-1-B9 井防垢剂体系各组分加量表

步骤	内容	流量	体积/m³	药剂
1	前置液		20	10％CSN102,3％KCl(淡水)
2	隔离液(前置液不能和主剂在井筒接触)		5	3％KCl(淡水)
3	主剂	0.3～0.8m³/min	70	10％RF-CSN201 防垢剂,过滤海水稀释(非油田注入水)
4	后置液		150	0.1％ RF-CSN201,过滤海水稀释(非油田注入水)
5	关井 12h			
6	启动电潜泵返排并取样			

注:所有水基入井液均需加入 100mg/L 除氧剂。

4.2.3.3　施工参数

（1）钢丝作业捞 Y 堵；期间或之前根据实际情况配置好部分药剂体系。

（2）正循环将井筒灌满。

（3）为维持井筒满液状态，迅速正挤注入 10m³ 前置液后，关闭环空，过程无需停注入泵。

（4）继续正挤 10 m³ 前置液＋5 m³ 隔离液＋70 m³ 防垢剂主剂＋150 m³ 后置液。

（5）关井 12h。

（6）钢丝作业投 Y 堵。

（7）启泵返排并取样。

4.2.3.4　现场实施情况及效果分析

2016 年 4 月，进行防垢剂挤注作业。施工过程压力和流量平稳，注入防垢剂过程中压力和流量稳定，注入性良好，未出现储层伤害现象，注入过程和操作步骤严格按照设计进行作业，总注入时间为 8h。注入曲线见图 4-8。

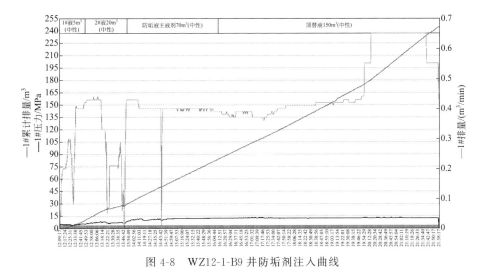

图 4-8　WZ12-1-B9 井防垢剂注入曲线

防垢作业后，关井 12h 后，开井生产。通过观察油井生产情况，同时检测产液中结垢离子含量，来分析地层挤注防垢技术的防垢效果。防垢后 B9 井结垢离子含量检测情况如图 4-9 所示。

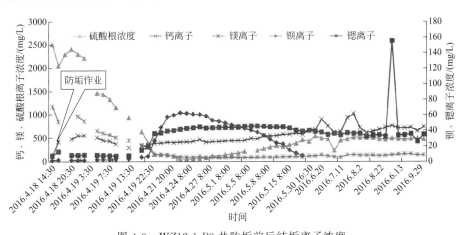

图 4-9　WZ12-1-B9 井防垢前后结垢离子浓度

由图 4-9 可知，防垢初期，防垢后结垢离子浓度较防垢前有明显提升。返出结垢离子中，钡离子浓度由防垢前 24.1mg/L 升至 62mg/L，钙离子浓度由防垢前 382mg/L 升至 414mg/L，硫酸根离子浓度由防垢前 44mg/L 升至 60mg/L。根据结垢离子上升量折算出阻硫酸钡垢量约 10kg/d，表明除垢剂具有较好的防垢效果。

防垢 2 个月后，地层水中检测出的钡离子大幅度降低，目前钡离子浓度已降至 2.7mg/L，而其他离子也有较大的变化，防垢后结垢离子浓度变化情况如表 4-7 所示。

表 4-7　WZ12-1-B9 井防垢后结垢离子浓度变化情况　单位：mg/L

日期	Ba^{2+}	Sr^{2+}	SO_4^{2-}	HCO_3^-	Ca^{2+}	K^+	Mg^{2+}	Na^+	Cl^-	总磷	矿化度
海水	4	8	2660	140	400	397	1280	10716	19100	—	34705
除垢前	21.1	35.4	44	1026	282	1189	83	7379	12029	1.02	22089
2016-4-23	62	41.2	59	1188	414	377	99	7969	12616	10.9	22825
2016-5-5	42.3	44.9	214	1020	449	217	86	7953	13144	—	23170
2016-5-15	22.2	44.1	317	952	576	213	96	8657	—	1.93	—
2016-6-20	4.2	37.4	493	955	899	206	140	10810	—	1.19	—
2016-7-25	3.3	35.9	517	945	1014	271	141	11440	—	1.13	—
2016-8-29	2.3	32.1	469	956	725	165	128	8757	14385	1.45	25619
2016-9-29	1.9	25.9	493	948	654	158	138	7340	14687	1.04	24446
2016-10-10	2.7	34.7	475	951	745	204	138	8838	14393	1.21	25781

由表 4-7 可知，防垢后，地层水中的离子浓度变化较大，钡离子浓度显著降低。分析认为除垢后，油井含水率大幅度上升，说明原来被垢堵塞储层被疏通，而被垢堵塞的储层连接注水优势通道，水流通道被疏通，注入水沿优势通道突进至井筒。由于注入水中的钡离子含量较低，所以，注入水和地层水混合后大大降低地层水中的钡离子浓度。从目前检测出的总磷浓度 1.21mg/L 来看，防垢剂的浓度仍有 60mg/L，防垢剂浓度远高于最低有效防垢剂浓度 4mg/L，防垢仍然有效。

防垢后，B9 井已正常生产 210d，B9 井生产情况如图 4-10 所示。

由图 4-10 可知：防垢作业后，B9 井一直平稳生产，井底流压虽有下降，但下降幅度较小。作业后 B9 井含水率大幅度上升，分析认为原来被垢堵塞的优势通道储层被解开，导致注入水沿优势通道突进至储层。但是从 B9 井的生产情况来看，防垢作业后产液量及流压并无大幅度波动，防垢效果良好。

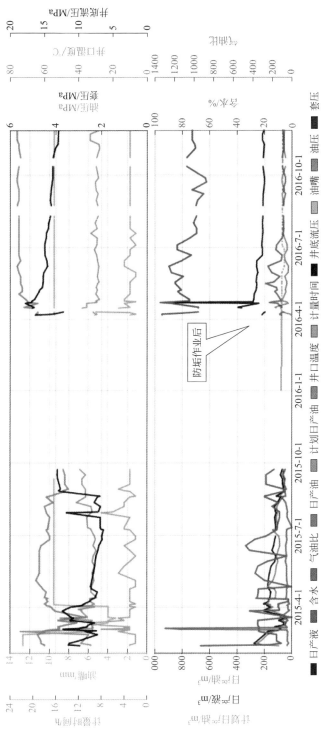

图 4-10 WZ12-1-B9 井生产情况

4.3 恩曼贵金属防垢技术

4.3.1 技术原理

恩曼贵金属防垢工具装置内芯的材质含有铜、锌、镍等九种不同的金属成分，这些金属可以形成一种特殊的电化学催化体。合金所包含的元素的电负性比液相中的离子要低，装置通过电化学的方式使流体产生极化效应，当流体流过 CPRS 时，CPRS 的原电池作用将形成一个微电场，使水分子极化，形成"水偶极子"，CPRS 装置合金材料的电负性比液相中的离子要低，一些金属电子将进入流体中，成为"自由电子"，"水偶极子"和"自由电子"将取代一些已经被捕获的离子（CO_3^{2-}、HCO_3^-、SO_4^{2-} 和 Cl^- 等），或被电负性小的离子或胶体（Ca^{2+}、Mg^{2+}、SiO_2、Al_2O_3 和 Fe_2O_3）所捕获，这使得 Ca^{2+}、Mg^{2+} 脱离 CO_3^{2-}、SO_4^{2-} 和 HCO_3^-，形成原子结构的 Ca、Mg。"水偶极子"和"自由电子"的捕获作用，将使得：原来流体中带正负电荷的离子（如钙镁等金属离子和酸根离子等）和胶体物质（如硅石、氧化铝以及锈颗粒）相互结合的环境得以改变，到达一种新的动态平衡状态。对于已经趋向于或已经结合的正负离子之间的晶格键断裂，阻止了垢的形成。对于已经形成的垢，由于 CPRS 技术对垢晶格的破坏作用，吸附于垢晶格上的硅石、氧化铝等黏结剂将从已生成的垢晶格上脱离，由于 Ca 和 Mg 元素以及带负电荷的 SiO_2（－）和 Al_2O_3（－）的脱离，垢晶格便逐渐遭到破坏，将老垢清除。

4.3.2 CPRS 井下工具及其主要特性

目前常用的 CPRS 井下防垢工具有两类，一种是油管短节式的，它需配合防垢芯片一起使用，先将数片防垢芯片用同一根轴串在一起并安装到油管短节内，再将内置芯片的油管短节连接到防垢目的位置，当流体通过短节内的防垢芯片时起到防垢作用。另外一种是棒体式的防垢工具，由于它需用钢丝作业将其坐到滑套等井下工具的工作筒内，实践表明多次出现防垢工具很难坐到工作筒内，且坐到位后一旦需要钢丝换层，很难将防垢工具起出来而造成需要大修动管柱作业，故目前很少使用。油管短节式及棒体式防垢工具如图 4-11 所示。

图 4-11 油管短节式及棒体式 CPRS

油管短节式不同规格的 CPRS 具有不同的流体处理能力，如表 4-8 所示。

表 **4-8** 不同规格油管短节式 **CPRS** 的流体处理能力

序号	规格	长度/m	连接扣型	流体处理能力/(m³/h)	流体处理能力/(m³/d)
1	2-3/8″	0.60	EUE 或 NU	20	480
2	2-7/8″	0.60	EUE 或 NU	20	480
3	3-1/2″	0.70	EUE 或 NU	27	648
4	4-1/2″	0.70	EUE 或 NU	37	888
5	5-1/2″	0.70	EUE 或 NU	73	1752

目前较常用的是 3-1/2″ 及 4-1/2″ 的油管短节式 CPRS，其中，3-1/2″ CPRS：单片芯片有 17 个孔，孔径 8mm，过流面积 $8.54cm^2$；4-1/2″CPRS：单片芯片有 36 个孔，孔径 8mm，过流面积 $18.09cm^2$。CPRS 防垢工具作用距离为 5km，有效期为 10 年。

4.3.3 措施方案案例

4.3.3.1 结垢井简介

WZ12-1-B10 井采用套管完井方式完井，目前生产层位：W_2 Ⅳ、W_2 Ⅴ 油组，目前井下机组：$200m^3/2000m$（天津百成），该井自投产见水以来，生产波动较大，多次出现欠载问题，补孔及铣孔有效期短，结垢堵塞严重，生产过程中多次出现过载停泵情况，根据其邻井 B9 井结垢类型为硫酸钡推测该井结垢类型亦为硫酸钡。通过对该井历次修井作业结垢情况进行统计分析发现：该井 5 次修井作业均发现有结垢现象，历次修井作业时间及结垢位置分别如表 4-9 所示。

表 4-9 **WZ12-1-B10 历次修井作业结垢位置统计表** -

作业时间	结垢位置	泵挂位置/m	射孔段位置/m	备注
2007.04	Y 接头以上三柱油管和电泵机组及支管(1914m 以下)	1975		
2012.03	封隔器(2460m)本体,下部滑套(2501m)连接滑套上下一柱油管	无电泵	2352.0～2365.5 2370.0～2379.0 2392.0～2430.0 2480.0～2502.0 2510.0～2532.0	起临时管柱及打捞分层落鱼管柱
2015.03	电泵机组本体及泵头	1985		
2015.07	机组壳体,铣孔段(2410.85～2412.65m)	2004		
2016.09	第 1 级电泵卡死,无法盘轴;2363m 以下分层管柱外壁,落鱼管柱 7″封隔器以上管柱,特别是接箍位置,2.313″滑套(2427m)孔眼	2035		

从表 4-9 中可以看出:该井结垢位置主要为电泵机组及其附近支管,射孔段附近管柱及井下工具(滑套、封隔器等),其中,电泵受结构影响尤为严重,多次出现过载停泵现象。为消除或减缓结垢给该井生产及修井作业带来的不利影响,考虑检泵作业的同时,实施贵金属防垢措施作业。

4.3.3.2 措施方案

该井射孔段较长,为 104.5m,按防垢半径 2.84m 计算,需往地层注入防垢剂 503m³,考虑到该井射孔段长、化学防垢药剂用量大、成本较高;同时参考渤海油田于 2006 年开始在井下投入使用恩曼贵金属防垢工具,取得了一定防垢效果。建议 B10 井尝试恩曼贵金属井下物理防垢,进行先导性试验。

由于该井存在的主要问题是电泵受结构影响严重导致频繁过载卡泵,故建议在电泵导流罩以下悬挂一套 3-1/2″CPRS 工具,可预防电泵机组及其以上管柱结垢,同时考虑到后期油藏生产测井及测压需求,设计生产管柱为电泵 Y 管柱。设计防垢管柱结构如图 4-12 所示。

电泵管柱的顺序(从上往下)是:电泵、导流罩(分离器、保护器、电机、压力计)、5-1/2″-3-1/2″变扣短接、3-1/2″CPRS、3-1/2″油管引鞋。图中蓝色箭头代表液流方向。由于电泵机组悬挂导流罩尺寸为 5-1/2″,机组连同支管同时入井有遇阻风险,建议选择支管为 2-3/8″NU 油管,整个管柱外径＝2-3/8″＋5-1/2″＝7-7/8″＝200mm＜220.5mm(9-5/8″套管内径)。

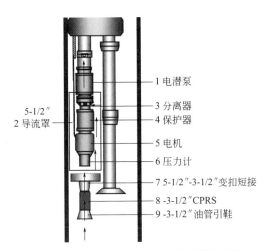

图 4-12　WZ12-1-B10 井恩曼防垢管柱结构

1 电潜泵
3 分离器
4 保护器
5 电机
6 压力计
7 5-1/2″-3-1/2″变扣短接
8 -3-1/2″CPRS
9 -3-1/2″油管引鞋

5-1/2″
2 导流罩

4.4　连续油管水力射流/磨铣除垢技术

4.4.1　技术原理

通过连续油管将旋转射流工具下入井内，利用高压将清水升压后通过喷嘴形成高速射流，冲击油管内壁使垢层破碎脱离，利用喷射反力和旋转接头，使得喷嘴旋转对油管内壁进行全方位除垢，针对结垢比较严重，水力射流除垢效果不太理想时，可考虑磨铣除垢，它是利用连续油管带井下马达的井底设备组合和管下扩眼器，安装在连续油管上，作为消除硫酸盐垢的机械方法。

4.4.2　除垢工具及作业要求

4.4.2.1　工具介绍

连续油管水力射流除垢工具串组合为卡瓦连接接头＋马达头总成＋旋转清洗工具，其最重要的工具为旋转喷头（图 4-13）。

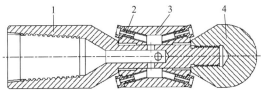

1—AMM扣；2—喷嘴；3—旋转体；4—扶正头

图 4-13　旋转喷头

常用的连续油管磨铣除垢工具如图 4-14 所示。

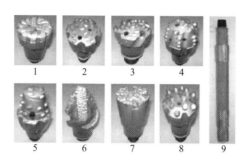

图 4-14   磨铣除垢工具串组合

1—金刚石钻头；2—切齿式钻头；3—Bear Claw 钻头；4—锥形聚晶金刚石复合片钻头；
5—土豚式钻头；6—锥形铣鞋；7—平底铣鞋；8—飓风铣鞋；9—渐进铣鞋

4.4.2.2   作业要求

冲洗液及喷射速度要求：射流除垢主要应用的是射流的水力破碎作用，所以喷嘴射流速度和压力是关键的施工作业因素。考虑储保问题，射流液推荐采用上次修井用的修井液，然后加上 0.3％减阻剂（聚合物），能够平均降阻 51％，同时能够增大喷嘴射程。如果是硫酸钡锶垢，由于垢体较坚硬致密，除垢要求喷嘴射流速度达到 150m/s 以上。

4.4.3   措施方案案例

4.4.3.1   结垢井简介

WZ6-10-A4H 井采用裸眼下入打孔管完井，目前生产层位为 $W_3 IV$-D 油组、$W_3 I$ 油组，其中这两个油组压力系数分别为 0.6 和 1.01。$W_3 I$ 油组射孔段 14.6m（2888～2902.6m），$W_3 IV$-D 油组为水平段，长度 127m（3521～3648m）。

该井 2017 年 2 月 25 日开始出现泵吸入口流压及产量快速下降，泵吸入口流压从正常时的 10MPa 下降至 6MPa，测试产液量从 200m³/d 下降至 50m³/d，3 月 2～6 日利用井下压力计进行了产能＋压力恢复测试，测得产液指数从正常时的 50m³/（d·MPa）下降至 10m³/（d·MPa）。2017 年 3 月 15～18 日进行钢丝换层作业，二次通井遇阻，回收钢丝工具串，检查机械震击器闭合处有类似垢样的物质，下凡尔捞砂筒至 2878.4m 变扣处遇阻，回收起出钢丝工具串，检查凡尔捞砂筒内捞获少量垢样物质。分析化验垢样成分为 100％硫酸钡。该井目前产液 53m³/d，产油 48m³/d，含水 9％。

涠洲 6-10 油田部分井地层水分析数据如表 4-10 所示。

表 4-10　涠洲 6-10 油田地层水分析数据表

井号	时间	层位	CO_3^{2-}	HCO_3^-	OH^-	Cl^-	SO_4^{2-}	阴离子总量	Ca^{2+}	Mg^{2+}	$K^+ + Na^+$	阳离子总量	总矿化度	pH	密度/(g/cm^3)	电阻率/$(\Omega \cdot m)$	水型	Ba^{2+}	Sr^{2+}
						离子含量 (mg/L)												微量元素分析	
WZ6-10-A3	2012/5	W_3IV-D	未检出	493	未检出	19282	43	19818	851	128	11492	12471	32289	6.37	1.02	0.2	$CaCl_2$	11	8
WZ6-10-A3	2012/9	W_3IV-D	未检出	419	未检出	19874	54	20347	803	118	11926	12847	33194	7.26	1.02	0.19	$CaCl_2$		
WZ6-10-A5	2013/11	W_3I	0	596	0	16889	7	17492	812	126	10011	11073	28565				$CaCl_2$	70	54
WZ6-10-A5	2016/4	W_3I	0	540	0	16880	23	17443	734	119	10093	11060	28503				$CaCl_2$	65	49
海水(W103)				149		19127	2848	22124	409	1347	10811	12567	34691				$MgCl_2$		
海水(W114)			0	226		19457	1619	21302	439	1211	10686	12336	33645				$MgCl_2$		

由上表 4-10 所示，W_3Ⅰ、W_3Ⅳ-D 油组地层水含大量 Ba^{2+}、Sr^{2+}；注入的海水中含有大量 SO_4^{2-}，推测结垢原因是地层水和注入水不配伍导致。该井 2016 年 11 月见水，由于注入水和地层水不配伍，且 W_3Ⅳ-D 油组距注水井更近，该油组地层及打孔管可能结垢，但不排除 W_3Ⅰ 油组结垢可能性。综合分析认为：井筒（分层管柱）结垢可能是导致该井产能降低的主要原因，地层及近井地带也存在结垢可能。

4.4.3.2　措施方案

（1）总体思路　由于硫酸钡锶垢极其难溶，完全浸泡于除垢剂 2d 以上才有相对明显除垢效果。泵注除垢剂时间短（约 4h），且垢附着在管壁，难以和药剂充分接触；除防垢药剂价格昂贵，若想取得较好溶垢效果，需泵注大量药剂，成本太高。且 W_3Ⅰ 油组及 W_3Ⅳ-D 油组压力系数差异大（分别为 1.01 和 0.6），若需对地层进行化学除防垢，建议各小层单独实施，前提是保障井筒畅通，可以实施钢丝作业开关滑套。故建议先利用连续油管除垢作业，解除井筒分层管柱及水平段打孔管结垢问题，视生产情况，再进行"化学螯合除垢" ＋ "地层挤注缓释防垢"解决 W_3Ⅰ 油组及 W_3Ⅳ-D 油组地层结垢问题。

（2）连续油管除垢步骤

① 井筒准备　垢的成分分析及结垢情况预测；捞取生产管柱堵头；若需要，压井。

② 设备准备　连接所有循环设备；连接连续油管设备和压力控制设备；装配井下工具串。

③ 测试　防喷器、盘根盒-试压、性能；防喷管内测试马达，地面测试旋转喷头；记录工具开始工作、有效工作、停转时的压力。

④ 工作液准备　调配工作液；保证足够的液量。

⑤ 除垢　下入过程中缓慢泵送液体；探顶，必须液体循环；稳定泵压，缓慢下放井下工具到障碍物处；减少悬重，观察压力（压力过高显示马达停转或喷头堵塞，稳定的压力提高显示射流冲击或磨削工具工作正常）；根据现场泵压及返出液情况，适当增加钻压，确保射流或磨削除垢效果；如果马达停转，停止循环液体，上提一段距离，重新开始循环；密切观察从滚筒到导向架之间连续油管的疲劳寿命；充分洗井，保证杂质被清除；从井底循环，直至返出液显示已经清洗干净；保持高泵速，从井内起出连续油管。

（3）注意事项　注意下入速度，一般不大于 3m/min，对于缩径如安全阀、工作筒等要放慢速度。起下连续油管时，每 300m 进行一次称重，根据称重情况进行操作，当接近标记深度时，要增加称重频率。如果是磨铣，每段磨铣之后，都要称重。

一般情况下，根据不同的射流工作液，对于 1.5″连续油管，最佳排量为 0.24～0.3m³/min，如果垢是连续的，一般磨削井段为 3～6m 的；如果有垢桥，一般磨削一次通过一个垢桥，穿透速度取决于结构的尺寸，通常 0.6m/min。当一个井段或垢桥被磨铣后，连续油管上提，充分循环洗井。大垢桥一般以较慢的速度处理，且要通上 3 次以上。作业过程，依据前次的标志调整连续油管缩短的长度和井下设备长度。对于所有操作，监测以下内容：流体的速度和泵压；返出压力；控制连续油管下入速度-防卡；返出的固体-监测量和成分，如返出物种有铁屑，停转磨铣。

（4）连续油管作业可行性分析

① 吊机能力　连续油管设备中最重的为带盘滚筒(16.5t)，涠洲 6-9/10 平台，左舷吊机 20t/35m，右舷吊机 20t/30m，吊机能力满足作业要求。

② 平台空间　连续油管作业基本作业设备摆放需满足≥120m²，而涠洲 6-9/10 平台进行过连续油管作业（WZ6-9-A6 井 2015 年 1 月径向射流作业），满足设备摆放要求。

4.5　涂层防垢技术

4.5.1　技术原理

涂层防垢是通过涂层来降低油管及井下工具的表面能或提高其表面的光滑度，从而降低垢在其表面的附着的概率。影响材料表面润湿性因素：具有低表面能、表面光滑度高、具有良好的表面微细结构（纳米技术）。

4.5.2　涂层防垢性能评价

采用高性能聚合物对 316L 不锈钢进行涂层，实验模拟管材现场应用环境状况，模拟采出液流通状态，将钢片挂入涠洲某井模拟水中，在 60℃，泵排量 6.3m³/h，压力 1MPa，实验 168h，测试挂片形貌及重量，表征防垢性能（挂片实验前后的形貌如图 4-15 所示，阻垢实验结果如表 4-11 所示），同时检测化学稳定性和高温高压稳定性能。涂层抗酸、碱、盐性能实验结果如表 4-12 所示，其耐温性能如表 4-13 所示。

图 4-15　挂片实验前后形貌

表 4-11　阻垢实验结果

试样情况	空白不锈钢片	涂覆涂层钢片
实验前质量/g	8.3152	13.0501
实验后质量/g	8.4108	13.0506
实验增重率/%	1.15	0.03
阻垢率/%	97.4	

从表 4-11 中可看出，该涂层阻垢效果较好，阻垢率可达 97.4%。

表 4-12　涂层抗酸、碱、盐性能实验结果

参数	挥发性（≤5%）	重量变化（≤5%）			
数值	未检出	3.5%NaCl	20%HCl	20%H_2SO_4	20%NaOH
		0.06%	0.06%	0.05%	0.33%

表 4-13　涂层耐温性能实验结果

基材	Q235	涂料厚度	700μm
界面结合力	维持95%	介电常数（10^3Hz）	3.9
热膨胀系数	3×10^{-5}/℃	介电损耗	0.004
弯曲强度	186MPa	拉伸强度	115MPa
维卡软化点	279℃	冲击强度（无缺口）	29.3kJ/m^2
硬度（HRC）	23	摩擦系数	0.24

从表 4-12 及表 4-13 可知，该涂层具有较好的抗酸、碱、盐性能及较好的耐温性能。

4.5.3　滑套涂层可行性实验研究

将滑套涂层后进行相关功能实验，涂层前后外观形态如图 4-16 所示；用油标卡尺测量涂层前后的滑套的外径如图 4-17 所示。

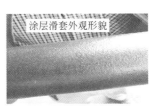

图 4-16　涂层前后滑套的外观形态

从图 4-16 可以看出涂层前滑套表面光滑，而涂层后滑套内衬套表面较为粗糙，凹凸不平，难以和胶圈形成良好的密封。

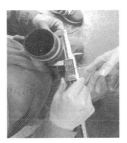

图 4-17　涂层前后测定滑套外径

涂层前滑套外径为 68.31mm，涂层后其外径变为 70.73mm，计算得涂层厚度为 1.21mm，见图 4-17。由于涂层厚度较大，导致滑套涂层后其内衬管无法进入滑套本体，如图 4-18 所示。

针对滑套涂层防垢存在的不足，下步还需开展相关涂层材料优选及喷涂工艺研究，保障涂层防垢应有的效果。建议将涂层表面进行打磨，一方面减小涂层厚度，便于滑套组装及开关工具通过；另一方面提高涂层表面光滑度，从而实现与胶圈的良好密封。鉴于对现有滑套进行涂层存在上述问题，建议在工具加工阶段进行涂层处理，然后进行打磨抛光。

图 4-18　滑套涂层后其内衬管无法进入滑套本体

第5章

修井储层保护技术

　　随着油田不断生产，各种修井作业越来越频繁，修井作业过程中，在井筒液柱正压差的作用下，修井液不可避免会接触甚至侵入储层，极易发生储层伤害，造成油井减产，因此修井储层保护工艺很重要。其中，修井液作为修井的血液，其性能的好坏直接影响作业效果。

　　南海西部油气田主要分布在北部湾、珠江口、莺歌海和琼东南四个盆地，开发涉及涠洲组、流沙港组、角尾组、珠江组、珠海组、莺歌海组、乐东组、黄流组、陵水组、三亚组10个油气组。而不同区块、层位所面临的储层保护问题不同，需结合地质油藏特征、修井液的应用效果及开发生产情况对修井液体系展开针对性研究。例如：文昌油田高孔高渗储层修井过程漏失量大、成本高，修井液侵入造成储层渗透率降低、恢复周期长；涠洲油田群中低渗敏感储层"水锁＋水敏伤害"叠加导致漏失后产量下降甚至关井；东方乐东气田低压气层修井漏失压死储层；崖城超低压气层因高温导致常规材料老化变性严重。据不完全统计，因储层保护不当导致修井后产能未恢复油井比例近30％，油井产能恢复期长达7天，年损失原油近十万方，精细储层保护修井液技术体系亟待建立。

　　湛江分公司经过技术攻关，自主构建修井液技术研究、评价方法，形成了一套覆盖南海西部主力储层的修井液精细技术，成功解决了不同修井作业类型的储保难题，为南海西部海域修井作业提供了有力的技术保障。

5.1　温敏自降解暂堵储保技术

针对涠四段储层水锁、水敏性强，前期 PRD 体系难以自动降解，形成封堵后易造成孔喉堵塞，影响渗透率的问题，采用易降解的 PF-EZFLOW、PF-EZVIS 代替原有的聚合物处理剂，添加聚胺 PF-UHIB 增强体系抑制性，研究形成了温敏自降解暂堵液体系。室内对新体系性能进行了评价，并在现场成功应用，解决了涠四段每次修井必须采用补孔射孔才能恢复产能的尴尬局面。

5.1.1　技术原理

经调研，低渗储层保护多采用暂堵型工作液，搭配破胶液使用。鉴于目前南海西部修井流程无破胶程序，现用暂堵液存在大分子无法降解堵塞孔喉风险，故需要自降解型暂堵液。经调研对比分析，黄原胶具有分子内氢键及分子侧链末端含有丙酮酸基团，相比其他植物胶初期抗温性好，控制基团的多少可实现抗温与自降解。与此同时，黄原胶具有独特的流变性，能够通过体系分子键间相互缠绕，形成空间网架结构，结构形成与拆散可逆，静切力恢复迅速，在低剪切状态下的高黏弹性特性，减少了钻井液中固相和液相对储层的损害，有利储层保护。

5.1.2　体系构建及参数指标

5.1.2.1　核心处理剂筛选

（1）增黏剂优选

① 黄原胶种类筛选　通过在体系中加入固定量的黄原胶，评价体系的流变性能。体系配方：400mL 海水＋0.2％黄原胶＋0.2％ PF-ACA＋0.1％ NaOH，具体结果见表 5-1。

表 5-1　不同种类的黄原胶在人工海水中的流变性能评价表

黄原胶	pH	Φ600	Φ300	Φ200	Φ100	Φ6	Φ3	AV /(mPa·s)	PV /(mPa·s)	YP /(mPa·s)	LRSV /(mPa·s)
XCD-2	7	30	24	21	17	9	8	15	6	9	44690

续表

黄原胶	pH	Φ600	Φ300	Φ200	Φ100	Φ6	Φ3	AV /(mPa·s)	PV /(mPa·s)	YP /(mPa·s)	LRSV /(mPa·s)
XCD-3	7	29	23	20	17	9	8	14.5	5	9.5	48690
XCD-4	7	31	25	22	19	9	8	15.5	6	9.5	42391
EZVIS	7	30	24	21	17	8	7	15	6	9	43591
XCD-8	7	27	20	16	12	5	4	13.5	7	6.5	29094
XCD-9	7	27	21	18	15	7	6	13.5	6	7.5	19496
XCD-11	7	25	20	18	15	9	8	12.5	5	7.5	29794

由表 5-1 可以看出：

a. 如上 8 种黄原胶在相同加量条件下，EZVIS 表现出良好的黏度，同时，配制过程中，气泡均匀，透明度好，形成了无色透明的溶液；

b. 其中 XCD-8、XCD-11、XCD-9 在相同条件加量下，黏度值较低，因此，基本上可以排除；

c. 其他的三种黄原胶 XCD-2、XCD-3 和 XCD-4 成本是普通 EZVIS 的两倍，因此，暂不考虑。

② 黄原胶加量优化　通过在体系中加入不同量的 EZVIS，评价体系的流变性能。实验结果见表 5-2、实验配方见表 5-3，所有流变性在 50℃条件下测定。

表 5-2　不同加量 EZVIS 体系流变参数表

序号	ρ /(g/cm³)	AV /(mPa·s)	PV /(mPa·s)	YP /Pa	G10″ /Pa	G10′ /Pa
1#	1.06	10.5	6	4.5	0.5	1.5
	1.06	8	5	3	0.5	1
2#	1.06	15.5	10	5.5	1	2
	1.06	15.5	8	7.5	1	1.5
3#	1.06	20	10	10	2.5	3.5
	1.06	21	13	8	1.5	2
4#	1.06	25.5	12	13.5	3.5	4.5
	1.06	25.5	13	12.5	3.5	4.5

序号	ρ /(g/cm³)	AV /(mPa·s)	PV /(mPa·s)	YP /Pa	G10″ /Pa	G10′ /Pa
5#	1.06	31	15	16	4.5	7
	1.06	33.5	19	14.5	4.5	7
6#	1.06	37	18	19	6	9
	1.06	40.5	18	22.5	7.5	10.5

表 5-3　不同加量 EZVIS 体系实验配方表

名称	加量/%					
	1#	2#	3#	4#	5#	6#
海水						
NaOH	0.1	0.1	0.1	0.1	0.1	0.1
PF-ACA	0.2	0.2	0.2	0.2	0.2	0.2
EZVIS	—	0.1	0.3	0.5	0.7	1.0

由表 5-2、表 5-3 可知，体系中无增黏剂 EZVIS 时体系的黏度低，塑性黏度和动切力仅为 5mPa·s 和 3Pa，初终切力仅为 0.5Pa、1Pa，体系的结构较弱；随着体系中增黏剂 EZVIS 加量的逐渐增大，体系的黏度和初终切力也逐渐增大。当 EZVIS 加量达到 0.7% 时，体系具有适合的黏切，塑性黏度和动切力为 19 mPa·s，14.5Pa，初终切力为 4.5Pa、7Pa；当 EZVIS 的加量再增加到 1.0% 时，体系的黏切略微偏高。综合考虑各项因素，选定 0.7%EZVIS 的加量进行后续实验。

（2）降滤失剂优选

① 淀粉种类筛选　天然淀粉由外层直链淀粉和内层支链淀粉组成，导致淀粉在冷水中既不溶解，也不容易溶胀分散。但是，淀粉分子中含有大量的醇羟基，通过改性（预胶化、羧甲基化、羟乙基化、阳离子化和部分氧化等），引入强吸水性的亲水基团后，可以使它成为良好的提黏、降失水剂。在确定基本配方选择 0.7% 的 EZVIS 作为增黏剂后，加入不同种类的淀粉，考察其流变和 API 失水性能。该实验参照 SY/T5241—91《水基钻井液用降滤失剂评价程序》标准进行平行实验，以 API 滤失量和 LSRV 为重要考核指标，兼顾浆的流态。选择与 EZVIS 协同效应最好、滤失量最低的淀粉作为体系降滤失剂。具体配方见表 5-4、结果见图 5-1 至图 5-5。

表 5-4　不同种类淀粉与 EZVIS 复配配方表

实验药品	加量/%															
	0#	1#	2#	3#	4#	5#	6#	7#	8#	9#	10#	11#	12#	13#	14#	15#
STA-1	1.5	1.5	—	—	—	—	—	—	—	—	—	—	—	—	—	—
STA-2	—	—	1.5	—	—	—	—	—	—	—	—	—	—	—	—	—
STA-3	—	—	—	1.5	—	—	—	—	—	—	—	—	—	—	—	—
STA-4	—	—	—	—	1.5	—	—	—	—	—	—	—	—	—	—	—
STA-5	—	—	—	—	—	1.5	—	—	—	—	—	—	—	—	—	—
STA-6	—	—	—	—	—	—	1.5	—	—	—	—	—	—	—	—	—
STA-7	—	—	—	—	—	—	—	1.5	—	—	—	—	—	—	—	—
STA-8	—	—	—	—	—	—	—	—	1.5	—	—	—	—	—	—	—
EZFLOW	—	—	—	—	—	—	—	—	—	1.5	—	—	—	—	—	—
STA-10	—	—	—	—	—	—	—	—	—	—	1.5	—	—	—	—	—
STA-11	—	—	—	—	—	—	—	—	—	—	—	1.5	—	—	—	—
STA-12	—	—	—	—	—	—	—	—	—	—	—	—	1.5	—	—	—
STA-13	—	—	—	—	—	—	—	—	—	—	—	—	—	1.5	—	—
STA-14	—	—	—	—	—	—	—	—	—	—	—	—	—	—	1.5	—
STA-15	—	—	—	—	—	—	—	—	—	—	—	—	—	—	—	1.5

由图 5-1、图 5-2 可以看出，几种淀粉的加入后，大多数体系的塑性黏度热滚前后变化不大，都在 8mPa·s 左右。

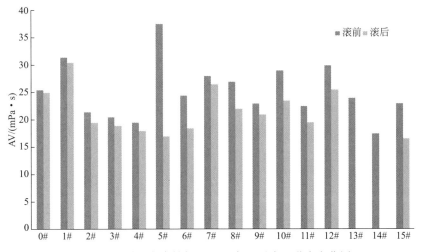

图 5-1　不同种类淀粉与 EZVIS 复配后表观黏度变化图

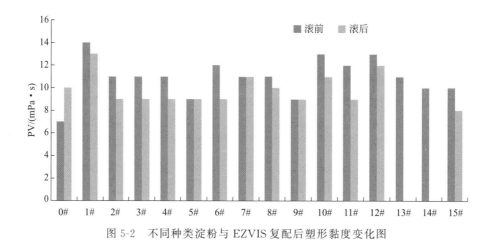

图 5-2　不同种类淀粉与 EZVIS 复配后塑形黏度变化图

为了保持体系良好的剪切稀释性能，动塑比越大说明体系剪切稀释性越强，由图 5-3 可知 1♯、5♯、7♯、8♯、9♯、10♯、15♯的体系热滚前后，YP 变化相对较大。需要对这几种淀粉中，进行再次优选。

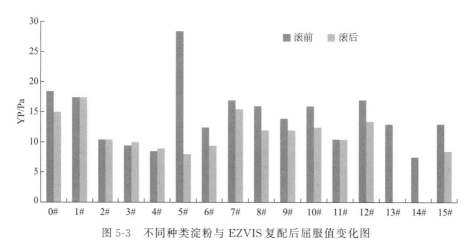

图 5-3　不同种类淀粉与 EZVIS 复配后屈服值变化图

由图 5-4 滤失量来看，热滚前后，1♯、8♯、9♯相对较低，由图 5-5 低剪切速率结果可以看出 9♯淀粉热滚前后，变化不大，说明体系稳定性较好。从上述数据可以看出，实验中，以 API 滤失量和 LSRV 为重要考核指标，兼顾浆的流态。综合评价，初步确定使用 EZFLOW 淀粉。

②淀粉加量优化　考察淀粉加量变化情况下，体系降滤失性能，配方见表 5-5，结果见表 5-6。

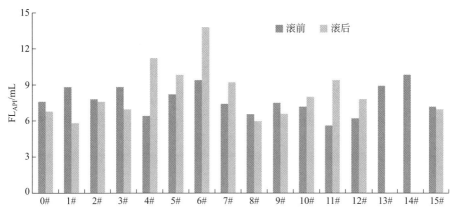

图 5-4 不同种类淀粉与 EZVIS 复配后对 API 滤失量的影响图

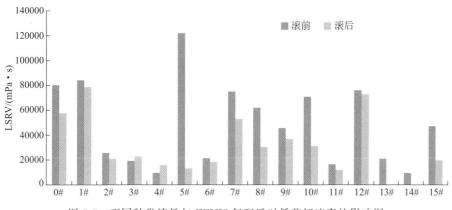

图 5-5 不同种类淀粉与 EZVIS 复配后对低剪切速率的影响图

表 5-5 不同 EZFLOW 加量的实验配方表

名称	加量/%			
	1#	2#	3#	4#
EZFLOW	1.0	—	—	—
EZFLOW	—	1.5	—	—
EZFLOW	—	—	2.0	—
EZFLOW	—	—	—	2.5

随着 EZFLOW 加量的增加体系表观黏度、塑性黏度、动切力和静切力都急剧上升，表现为非常黏稠。由表 5-6 可知，随着 EZFLOW 加量的增加，体系 API 失水有所降低，当加量从 2.0％增加到 2.5％时，降失水效果不明

显，因此推荐加量为 2.0% 。

表5-6   不同 EZFLOW 加量的实验数据表

序号	AV /(mPa·s)	PV /(mPa·s)	YP /Pa	FL_API /mL	实验条件
1#	10.5	6	4.5	—	常温
	9.5	5	4.5	9.8	110℃×16h
2#	19	9	10	—	常温
	19.5	9	10.5	8.5	110℃×16h
3#	30	14	16	—	常温
	30.5	14	16.5	7.9	110℃×16h
4#	35.5	17	17.75	—	常温
	36	17	18	7.5	110℃×16h

③ 基础配方   经过上述单剂筛选评价实验初步确定体系配方为：海水＋ 0.2% PF-ACA＋ 0.1% NaOH＋ 0.7% EZVIS（黄原胶）＋ 2% EZFLOW（淀粉）。

5.1.2.2   性能指标评价

（1）封堵性能评价   采用 700mD 砂盘测定 EZFLOW 体系封堵性能，并与油服 PRD 体系、MI 的 FLOPRO-NT、Baker 的 PERFFLOW 体系进行对比，结果见表5-7。

表5-7   四种弱凝胶体系的封堵性能对比表

体系	1min	5min	7.5min	10min	15min	20min	25min	30min	突破压力/psi
PRD	10.8	15.4	16.8	17.8	19.8	21.4	22.8	23.6	3.88
FLOPRO-NT	6.4	9.6	11	12.8	14.8	16.8	18.8	20	1.76
EZFLOW	8	12	14	15.2	17.6	19.2	20.8	22.4	0.567
PERFFLOW	7.6	11.6	13.6	14.8	17.2	18.8	20	20.8	0.87

由表5-7可知，EZFLOW 暂堵液与原 PRD 暂堵液相比，漏失速率与漏失量有所下降，突破压力由 3.88psi 下降到 0.87psi。相较 FLOPRO-NT 体系与 PERFFLOW 体系，漏失量略微增大，突破压力降低，基本性能一致，表现出了良好的封堵性能。

（2）返排性能评价

① 压力返排实验　实验采用泥饼返排压力的测定装置，先加压测定滤失量制得泥饼后，再测定突破压力和返排平衡压力。

刚开始返排时，泥饼并未破坏，返排压力逐渐升高。当返排压力升高到最大值即突破压力时，返排压力瞬时下降，此时泥饼被破坏，流动通道建立伴随着滤液流出。一旦流动通道建立后，随着返排的进行，堵塞砂盘孔道的固相颗粒逐渐被驱出，返排压力逐渐降低直至平衡，即返排平衡压力 ΔP_{final}。实验测定 EZFLOW 体系返排性能，并与油服 PRD 体系、MI 的 FLOPRO-NT、Baker 的 PERFFLOW 体系进行对比，结果见图 5-6。

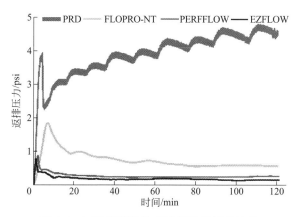

图 5-6　四种弱凝胶体系滤饼返排压差结果

由图 5-6 可知，4 种体系中 EZFLOW 暂堵液体系突破压力最低，结合封堵实验，滤失量与 MI 的 FLOPRO-NT 和 Baker 的 PERFFLOW 体系基本一致，表现出了良好的封堵性能和返排性能。形成了单向封堵能力强，返排压力低，实现了"单向液体开关"的良好性能。同时，对四种体系形成封堵返排前后的泥饼质量进行观察，发现 EZFLOW 和 PERFFLOW 体系经过返排后，留下一层薄薄的泥饼，FLOPRO-NT 的次之。而未破胶 PRD 体系不仅突破压力高，而且返排后，泥饼依然很厚，很难用水冲开。

② 体系微观观察　通过对返排后的四种弱凝胶体系滤饼进行电子显微镜观察，可以清晰地看出 EZFLOW 体系和 PERFFLOW 体系返排后的滤饼更为彻底，几乎无残留，见图 5-7。

同样，通过扫描电镜观察更能说明 EZFLOW 体系返排后的滤饼更加疏松，也就是说滤饼返排后所形成的渗流通道更加有利于储层流体流出，见图 5-8。

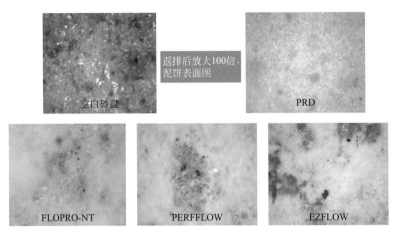

图 5-7　四种弱凝胶体系滤饼返排后电子显微镜照片图

图 5-8　四种弱凝胶体系滤饼返排后扫描电镜照片图

（3）自降解性能评价　采用六速黏度计测定不同时间 EZFLOW 暂堵液的黏度变化，考察体系自降解性能，并与 PRD 体系进行对比，结果见表 5-8。具体实验步骤如下。

将配制好的暂堵液在 50℃下，测定表观黏度值 AV_1（流变性能）后装入老化罐中，置于 110℃下，静态老化 1d（24h）、3d（72h）、5d（120h）、7d（168h）后，在 50℃下测定不同时间的表观黏度 AV_2。以黏度降低率表示的自然降解率，按照式（5-1）计算。

$$\eta = (1 - \frac{AV_2}{AV_1}) \times 100 \qquad (5-1)$$

式中　η——自然降解率,%;

AV_1——滚前表观黏度,mPa·s;

AV_2——滚后表观黏度,mPa·s。

表 5-8　EZFLOW 与 PRD 自降解率对比表

体系	时间/d	AV/(mPa·s)	η/%
EZFLOW	0	35	—
	1	30	15
	3	24	31
	5	16	54
	7	12	65
PRD	0	46.5	—
	1	57.5	—
	3	44	5.38
	5	38	18
	7	36	22

由表 5-8 可知,EZFLOW 暂堵液 7d 表观黏度由 35 mPa·s 下降至 12 mPa·s,自降解率 65%,相较原来 PRD 体系,自降解率提高近 2 倍。

（4）储层保护性能评价　采用天然岩心测定 EZFLOW 暂堵液污染前后渗透率变化,考察暂堵液对岩心是否存在伤害,结果见表 5-9。具体实验步骤为:

① 岩心准备,测定基本数据,抽真空饱和 16h;

② 使用 LDY-1 岩心流动仪测定岩心,在 70℃下煤油渗透率 K_o;

③ 将在 JHD-Ⅲ 高温高压动失水仪中,在 70℃ 下,测定 125min、3.5MPa 下反向污染滤失量;

④ 正向用煤油测定污染后渗透率 K_{od},记录实验数据。

表 5-9　EZFLOW 储层保护实验储层保护实验数据表

岩心编号	K_o/mD	K_{od}/mD	P_o/MPa	P_{nd}/MPa	P_{max}/MPa	R_d/%
100#	4.33	3.74	0.105	0.114	0.464	86.5
245#	50.57	45.82	0.038	0.03	0.085	90.60

由表 5-9 结果可知,EZFLOW 暂堵液岩心渗透率恢复值超过行业标准

85%，在低渗岩心中具有良好的储层保护效果。

5.1.3　典型应用案例

5.1.3.1　目标井概况

WZ12-1-A8 井是涠洲 12-1 油田中块涠四段的 1 口采油井，该井目前合层生产 W_4 Ⅰ、W_4 Ⅱ油组。该井生产的涠四段储层为典型的中低孔、中低渗储层，修井过程极易受到修井工作液污染。前期该井及同层位油井修井未避免储层污染，多采用深穿透补射孔工艺，该工艺能够有效避免储层污染，但存在修井工艺复杂、费用高等弊端。

2017 年 1 月 18 日该井 9-5/8″套管四通观察孔顶丝漏气，关闭放气阀，对 9-5/8″套管泄压，压力最低泄至 2.5MPa，分析认为放气阀不密封。为了解决采油树漏气、放气阀不密封的安全隐患，需要进行修井作业。

5.1.3.2　暂堵液设计

暂堵液用量设计参照式（5-2）计算。该井射孔段 3573～3742m，共计 169m，计算用量 5m³，考虑到预留量及损失量，备料 15m³。

$$V = 1.5\pi r^2 h \tag{5-2}$$

式中　V——冲洗液用量，m³；

　　　r——套管半径，m；

　　　h——射孔段长度，m。

5.1.3.3　应用效果

本井 2017 年 5 月 22 日至 5 月 30 日进行修井作业。作业过程中，正替 EZFLOW 暂堵液 8m³ 后关闭套管阀，正挤压井液 12m³ 顶替到位。修井累计用时 9d，期间漏失为零。

修井后，该井在油嘴 25.4mm、井口压力 3.0MPa 的生产情况下，测试产液量为 176.4m³/d，产油量为 176m³/d，含水率为 0.2%，产气量为 $4.8×10^4$m³/d，恢复到作业前产量。

鉴于 EZFLOW 暂堵液在 WZ12-1-A8 井成功应用，后续推广至涠洲 12-1 油田等 4 个油田修井作业中，共计应用 11 井次，结果见表 5-10。

由表 5-10 可知，EZFLOW 暂堵液在定向井检泵作业中，漏失量基本为零，可以有效防止修井液进入储层造成储层伤害。但在水平井应用过程中暂堵效果不理想，一方面因为 EZFLOW 暂堵液现场应用依靠重力作用沉降至储层段进行封堵，无法实现水平井段全覆盖；另一方面 EZFLOW 暂堵液为无固相弱凝胶体系，未添加固相颗粒，无法实现屏蔽暂堵。

表 5-10　EZFLOW 具体井使用情况

油井	油组	漏失量/m³	水平段/m	产液量/m³		产油量/m³		含水率/%		备注
				修井前	修井后	修井前	修井后	修井前	修井后	
WZ12-1-A8	W₄ I 、W₄ II	无	—	171	176.4	171	176	0	0.2	更换采油树
WZ12-1-A12b	W₄ I	无	—	254	254	254	254	0	0	更换采油树
WZ12-1-B16	W₂ IV 、W₂ V	无	—	94	99	45	31.6	51	71	检泵
WZ12-1-B28H	W₂ III 、W₂ IV	无	17	21	63	21	63	0	0	小泵深抽
WZ12-1-B22	W₂ IV 、W₂ V	7	—	42	110	24.6	67.6	42	39	检泵
WZ6-10-A6H	W₃ VII	20	529	3	60.7	3	60.7	0	0	小泵深抽
WZ6-10-A4H	W₃ IV-D、W₃ I	235	253	144	199	144	176	0	10	补射孔
WZ6-9-A3H	W₃ IV	520	356	98	124	50	41	49	66.7	换大泵
WZ12-1-B3S1	W₂ IV 、W₂ V	无	—	14	7	14	7	0	0	磨洗、刮管、小泵
WZ12-1-B32	W₃ VII 、W₃ VIII	200	—	170	30	169	30	0.7	0	现场未按照设计执行
WZ12-2-A1	L₂ II a、L₂ II b、L₂ II c	50	—	5	11	4.6	10.8	8	2	现场复杂情况临时封井，后续产量逐渐恢复

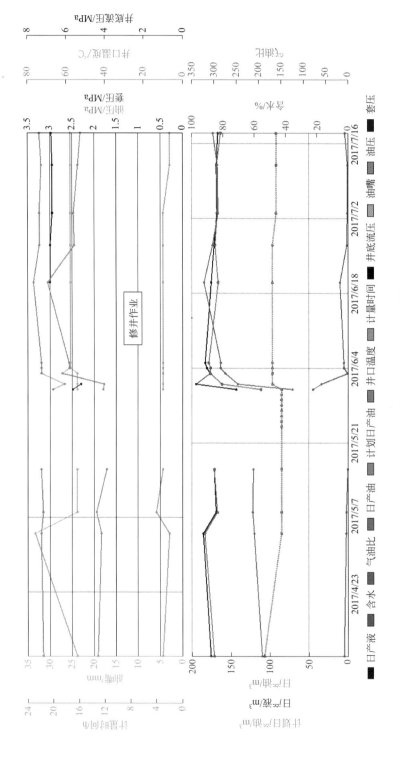

图 5-9　WZ12-1-A8 井生产曲线图

EZFLOW 暂堵液在 WZ12-1-B3S1、WZ12-1-B32 井应用过程中出现修井后产液量下降现象，具体分析如下。

WZ12-1-B3S1 井 2016 年 12 月 6 日进行小泵深抽作业，下入 50m³/d 电泵，修井后频繁过载停机，反洗、破胶作业均未能有效解除污染。对比同为小泵深抽作业的 WZ12-1-B28H 井（同样 50m³/d 电泵，扬程、泵挂深度类似），WZ12-1-B28H 井修完后正常生产，基本排除暂堵液无法降解堵塞电泵内腔。从 WZ12-1-B3S1 井修井过程来看，该井前期进行打捞磨洗作业，不排除磨洗过程杂质、碎屑落井后，暂堵液包裹磨洗杂质堵塞电泵可能性，建议后期检泵进行拆泵检查，明确堵塞原因。

WZ12-1-B32 井 2017 年 3 月 9 日进行中小修作业，作业过程漏失 200m³ 修井液，未能实现暂堵效果。对比修井液设计与现场施工，现场施工未完全按照设计进行暂堵液替入。现场施工过程由于无循环通道，在 1966m 油管处钢丝开孔，替入 3m³ 暂堵液，暂堵液在沉淀过程存在少量漏失。后进行刮管作业，EZFLOW 暂堵液在井筒及井壁间形成的隔离带被刮管破坏，导致后期漏失增大。

5.2　双解型暂堵储保技术

温敏自降解暂堵技术依靠温度进行自降解，降解率达到 50% 以上，为进一步提高自降解率，开展了双解型暂堵储保技术研究。

5.2.1　技术原理

根据前期研究结果，采用天然高分子或者合成基小分子材料代替合成基大分子材料，利用温度可以实现暂堵液逐步降解，自降解率达到 50% 以上。为进一步提高自降解率，拟预置可降解自洁酸颗粒。自洁酸是一种新型的、对环境友好且性能优良的脂肪族聚酯类固体颗粒材料，可随时间延长逐渐水解释放 H^+，在温度与 H^+ 双重作用下，达到暂堵液破胶目的。自洁酸水解过程原理见图 5-10。

5.2.2　体系构建及参数指标

5.2.2.1　核心处理剂筛选

（1）悬浮增黏剂优选　室内分别对多种市售和公司自主研发的增黏剂

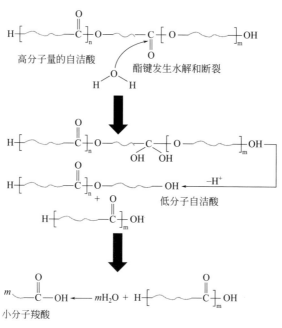

图 5-10   自洁酸降解原理图

和降滤失剂进行 110℃下，不同时间的自然降解性对比评价，选择适合修井用可降解悬浮增黏剂，结果见表 5-11。

基本配方：海水＋0.2%Na$_2$CO$_3$＋聚合物。

表 5-11   可降解悬浮增黏剂对比评价表

聚合物	类型	实验条件	AV/(mPa·s)	降解率/%
1# （0.75%豆胶＋2% PF-FLOHT）	生物聚合物＋改性淀粉	老化前	39.5	—
		老化1d后	40.5	—
		老化3d后	35.5	10.1
		老化5d后	28.5	27.8
		老化7d后	20	49.4
2# （0.75%DHV＋2% PF-FLOHT）	生物聚合物＋改性淀粉	老化前	44	—
		老化1d后	48	—
		老化3d后	38	13.6
		老化5d后	32	27.3
		老化7d后	21	52.3

续表

聚合物	类型	实验条件	AV/(mPa·s)	降解率/%
3# (0.75%XC+2%PF-FLOHT)	天然高分子+改性淀粉	老化前	50	—
		老化1d后	63	—
		老化3d后	40	20
		老化5d后	32	36
		老化7d后	18	64
4# (1.0%HWBT)	天然高分子	老化前	39.5	—
		老化1d后	40.5	—
		老化3d后	25.5	35.4
		老化5d后	20.5	48.1
		老化7d后	15	62
5# (0.75%魔芋精粉+2%CMS-S)	天然高分子+改性羟丙基淀粉	老化前	40	—
		老化1d后	43.5	—
		老化3d后	30	25
		老化5d后	22	45
		老化7d后	15	62.5
6# (0.75%HV-PAC+2%HPS-J)	聚阴离子纤维素+羧甲基淀粉	老化前	39.5	—
		老化1d后	41.5	—
		老化3d后	37	6.3
		老化5d后	28	29.1
		老化7d后	22	44.3
7# (0.75%HV-CMC+2%CMS-H)	羟甲基纤维素+羧甲基淀粉	老化前	37.5	—
		老化1d后	40	—
		老化3d后	36	4.0
		老化5d后	27	28
		老化7d后	20	46.7
8# (0.75%PF-PLUS+2%PF-FLOHT)	阳离子聚合物+改性淀粉	老化前	23.5	—
		老化1d后	43.5	—
		老化3d后	37	—
		老化5d后	25	—
		老化7d后	18	23

续表

聚合物	类型	实验条件	AV/(mPa·s)	降解率/%
9# (0.75% PF-VIS + 2%PF-FLOHT)	混合高分子＋改性淀粉	老化前	42	—
		老化1d后	46.5	—
		老化3d后	44	—
		老化5d后	40	4.8
		老化7d后	37	12

从表 5-11 评价结果来看，相对来说，3#、4#、5# 在 110℃ 下的自然降解性较好，7d 后其体系表观黏度可降低至 15 mPa·s 左右，且降解率在 60% 左右；而 9# 抗 120℃ PRD 体系的降解率最小，7d 降解率只有 12%，这与其选择的核心处理剂具有较好的抗温稳定性有关；从修井成本控制考虑，4# 悬浮增黏剂加量明显小于 3# 和 5#。因此，本项目研究中推荐 HWBT 作为修井液体系的可降解悬浮增黏剂。

（2）自洁酸优选　自洁酸目前主要有两种生产途径：一是以 SA 为原料直接缩聚，最终可以得到分子量超过 100000 的聚酯；二是以 SA 为原料缩聚成一定分子量的聚酯后，再进行开环聚合。自洁酸有 L 型、D 型，以及 L、D 混合型，结合暂堵修井液的自破胶要求，本项目研究选择 L 型自洁酸 HWSA。

自洁酸的水解首先是非晶区水解，小分子的水移至样品的表面，扩散进入酯键或亲水基团的周围，酯键发生自由水解断裂；然后是晶区水解，生成低分子自洁酸；最后是低分子水解，生成小分子羧酸。

在项目研究过程中发现，自洁酸 HWSA 颗粒大小对水解速度影响较大，这也为后面的不同修井作业合理选择自洁酸提供了依据，结果见表 5-12。

表 5-12　自洁酸 HWSA 颗粒大小对水解效果的影响表

水解时间 /h	HWSA-1		HWSA-2		HWSA-3	
	pH	水解率/%	pH	水解率/%	pH	水解率/%
0	7.58	0	7.58	0	7.58	0
0.25	3.27	3.68	5.57	3.52	6.98	1.21
0.5	1.83	10.71	3.62	9.51	5.26	3.26
1	1.68	39.62	2.56	26.29	4.32	10.36
2	1.53	57.69	1.89	38.96	3.42	18.69

续表

水解时间 /h	HWSA-1		HWSA-2		HWSA-3	
	pH	水解率/%	pH	水解率/%	pH	水解率/%
3	1.31	86.93	1.72	52.69	2.59	25.36
4	1.23	95.62	1.44	76.98	2.33	30.26
5	1.13	98.61	1.29	83.61	2.03	35.26
6	1.13	98.61	1.26	93.26	1.62	52.68
7	1.13	—	1.12	95.62	1.42	83.66
8	—	—	1.12	95.62	1.28	90.12
9	—	—	1.12	—	1.13	94.26
10	—	—	—	—	1.13	94.26

从表 5-12 评价结果可知，自洁酸的水解速度除与合成工艺有关外，其分子量大小、粒径大小对其影响也较明显，优选的 HWSA-1、HWSA-2 和 HWSA-3 自洁酸分别在 5d、7d、9d 水解率达到 90% 以上。

（3）填充剂优选　填充剂优选采用逐级拟合填充软件，该软件借鉴了固井水泥浆材料所用的成熟理论——"紧密堆积理论"和数学"逐级拟合"理论。

① 软件计算　用"逐级拟合填充"软件的拟合计算功能，分别计算出最大孔喉半径为 $50\mu m$、$100\mu m$、$150\mu m$、$200\mu m$ 时，所需要的完全填充粒子的粒径和分布如图 5-11 所示。

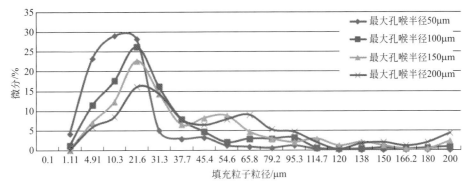

图 5-11　根据最大孔喉半径进行拟合计算得出完全填充粒子微分分布曲线图

由图 5-11 结果可知：最大孔喉半径越小，填充需要的小颗粒越多，大颗粒越少，小颗粒主要集中在粒径小于 $4.91\sim21.6\mu m$。

　　根据前面的微分分布数据对拟合计算得出的完全填充粒子进行微分分布归类，得出按最大孔喉半径计算见表 5-13。

表 5-13　根据最大孔喉半径进行拟合计算得出完全填充粒子微分分布归类表

最大孔喉半径/μm	不同粒径填充粒子微分分数/%						
	0.1~4.91 μm	4.91~10.3 μm	10.3~21.6 μm	21.6~45.4 μm	45.4~65.8 μm	65.8~138 μm	138~200 μm
50	27.35	29.12	28.24	11.18	2.06	2.06	0.00
100	12.61	17.60	26.39	28.74	4.99	7.33	2.35
150	7.06	12.35	22.65	29.12	13.53	11.18	4.12
200	5.87	8.50	16.13	28.74	17.01	14.08	9.68

　　由上表归类结果可知：最大孔喉半径越小，填充需要的小颗粒越多，大颗粒越少，小颗粒主要集中在粒径 $0.1~45.4\mu m$；而最大孔喉半径为 $100~200\mu m$，需要的填充粒子 50%～70% 主要集中在 $4.91~138\mu m$ 范围。

　　② 填充剂优选　根据前面的分析，室内进行大量的复配评价和粒径分析，分别优选出粗、中、细三种填充剂 HTC-C、HTC-M 和 HTC-F，以满足不同孔喉储层的封堵需要，见图 5-12 至图 5-15。

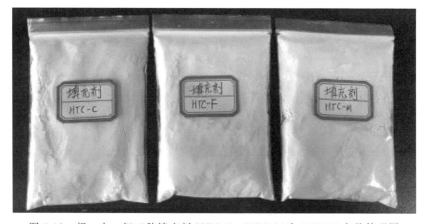

图 5-12　粗、中、细三种填充剂 HTC-C、HTC-M 和 HTC-F 产品外观图

　　依据填充剂的粒径微和不同孔喉对各种粒子的需要，利用数学的"非线性规划"法进行设计计算，来确定粗、中、细三种填充剂是否需要添加，以及添加的比例关系。

| D(4,3):17.15μm | D50:13.86μm | D(3,2):5.91μm | S.S.A.:1.02m²/mL |
| D10:3.18μm | D25:6.97μm | D75:23.83μm | D90:35.42μm |

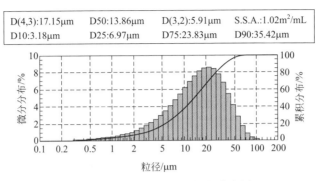

图 5-13　填充剂 HTC-C 粒径分布图

| D(4,3):12.40μm | D50:10.32μm | D(3,2):3.12μm | S.S.A.:1.92m²/mL |
| D10:1.46μm | D25:5.04μm | D75:17.91μm | D90:24.89μm |

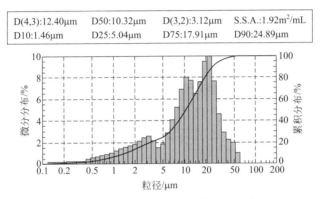

图 5-14　填充剂 HTC-M 粒径分布图

| D(4,3):4.54μm | D50:2.82μm | D(3,2):1.20μm | S.S.A.:5.00m²/mL |
| D10:0.36μm | D25:1.08μm | D75:6.02μm | D90:10.48μm |

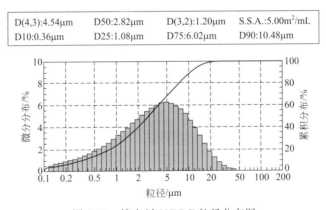

图 5-15　填充剂 HTC-F 粒径分布图

最大孔喉半径分别为 50μm、100μm、150μm、200μm 时，修井液需要添加的填充剂情况见表 5-14。

表5-14　最大孔喉半径不同修井液需要添加的填充剂情况表 ┈┈┈┈┈┈┈

最大孔喉半径/μm	HTC-C		HTC-M		HTC-F	
	添加方式	比例/%	添加方式	比例/%	添加方式	比例/%
50	添加	35	添加	60	添加	5
100	添加	100	不添加	0	不添加	0
150	添加	100	不添加	0	不添加	0
200	添加	100	不添加	0	不添加	0

由表 5-14 可知，最大孔喉半径不同，需要添加填充粒子的方式和比例也不同，最大孔喉半径为 $50\mu m$ 时需要同时添加粗、中、细填充剂 HTC-C、HTC-M 和 HTC-F，以填充剂 HTC-M 为主；而最大孔喉半径为 $100\mu m$、$150\mu m$ 和 $200\mu m$，则只需要同时添加粗和中填充剂就能满足要求。

5.2.2.2　体系优化及性能评价

（1）暂堵液基础配方　经过上述单剂筛选评价实验初步确定体系配方为：海水＋0.2％Na_2CO_3＋1.0％可降解悬浮增黏剂 HWBT＋3.0％自洁酸 HWSA＋1.5％填充剂 HTC。自洁酸 HWSA 类型根据修井时间选择，充填剂 HTC 粒径根据自洁酸 HWSA 类型确定。

（2）封堵性能评价　室内选用 WZ12-1-A7 井储层天然岩心，用高温高压承压封堵评价试验仪（该仪器抗温可达 200℃，抗压可达 35MPa），首先对比评价了不同配方新型暂堵液的在相同压力下的封堵性；然后评价了新型暂堵液不同压力下的封堵性，结果见表 5-15。

表5-15　暂堵液在不同压力下对 6 号岩心的封堵性评价结果表 ┈┈┈┈┈┈┈

岩心物性	岩心号	6	岩心类型	天然岩心
	井号	WZ12-1-A7	井深/m	3042～3043
	岩心长度 L/cm	3.64	岩心直径 D/cm	2.50
	孔隙体积/mL	3.24	孔隙度/%	18.1
	岩心空气渗透率/mD			275.8
封堵前	压力/MPa	滤失时间/min	累计滤失量/mL	滤速/(m/h)
	0.1	10	60.0	0.7334
封堵时	压力/MPa	滤失时间/min	累计滤失量/mL	滤速/(m/h)
	3.5	1(瞬时)	3.95	0.4828
	3.5	30	2.81	0.0114

续表

封堵时	7.0	30	3.90	0.0159
	10.0	30	5.51	0.0224
封堵后	压力/MPa	滤失时间/s	累计滤失量/mL	滤速/(m/h)
	0.1	10	0	0
封堵率/%			100	

从表 5-15 抗压封堵性评价结果来看，三块岩心的瞬时失水均小于 4.0mL，随着封堵层的建立，即使增大压力，累计漏失量增幅也不大，即使压力增大到 10MPa，滤速也均小于 0.03m/h，属微漏级别。说明该暂堵液形成的封堵层具有较好的抗压封堵性。暂堵液体系具有较好的抗压封堵性，抗压达 10MPa，封堵率 100%，满足现场修井要求。

（3）降解返排性能评价　为了模拟现场修井封堵后，在修井作业过程中自行破胶，室内对前期抗压封堵评价的岩心继续开展自破胶评价。因评价时间较长，在自破胶评价时将新型暂堵液和岩心转入高温高压岩心流动试验仪上，3.5MPa、110℃下继续实验或者新型暂堵液和岩心转入老化罐同时 110℃下恒温老化，进行定期滤速测定，结果见表 5-16。

表 5-16　暂堵液抗压封堵与自破胶效果评价表

岩心物性	岩心号	14	岩心类型	天然岩心
	井号	WZ6-9-3	井深/m	2616～2617
岩心空气渗透率/mD			80.61	
封堵前	压力/MPa	滤失时间/min	累计滤失量/mL	滤速/(m/h)
	0.3	10	43.21	0.5282
封堵后	压力/MPa	滤失时间/s	累计滤失量/mL	滤速/(m/h)
	0.3	10	0	0
封堵率/%			100	
自破胶时	破胶时间/d	压力/MPa	滤失时间/min	累计滤失量/mL	滤速/(m/h)
	1	3.5	30	1.22	0.0050
	3	3.5	30	3.61	0.0147
	5	3.5	30	36.12	0.1472
	7	3.5	30	78.26	0.3189
破胶后	压力/MPa	滤失时间/s	累计滤失量/mL	滤速/(m/h)
	0.3	10	41.32	0.5051
破胶率/%			95.6	

　　从表 5-16 评价结果可知，随着破胶时间的延长，岩心滤速逐渐增大，在第 6 天后率速明显增大，完成降解返排，泥饼破胶率达到 95.6%。除此之外，调整自洁酸类型、填充剂类型和加量，可以进行降解时间的调控。

　　（4）自降解性能评价　分别配制 HWBT 暂堵液和现场修井液 PRD，向其中分别加入 2.0% 自洁酸 HWSA-3，搅拌均匀后，测黏度和 pH；然后倒入老化罐，在 110℃ 下恒温一定时间，取出再测黏度和 pH，计算破胶率，结果见表 5-17。

表 5-17　不同暂堵液体系本体自破胶评价结果表

聚合物	实验条件	AV/(mPa·s)	PV/(mPa·s)	YP/Pa	pH	破胶率/%
0.9%可降解悬浮增黏剂 HWBT	老化前	45.5	23	22.5	9.89	—
	老化 16h 后	7	6	1	2.26	84.6
	老化 3d 后	1.5	1	0.5	2.48	96.7
0.75%PF-VIS+2.0% PF-FLOHT	老化前	44	24	20	10～11	—
	老化 16h 后	28	15	13	4～5	36.36
	老化 3d 后	16	9	7	4～5	63.64

　　从上面的评价结果可知，自洁酸对暂堵液本体破胶效果较好，3d 破胶率大于 95%；优选的可降解悬浮增黏剂较原 PRD 修井液更易降解。

　　（5）综合储保性能评价　室内选用储层天然岩心进行了新型修井液储层保护性能评价，结果见表 5-18。

表 5-18　新型修井液储层保护性评价结果表

岩心类型	天然岩心	天然岩心	天然岩心
井号	WZ6-9-3	WZ6-9-3	WZ6-9-3
岩心号	11	13	16
气测渗透率(K_0)/mD	22.56	4.11	32.52
长度/cm	6.02	5.34	5.61
直径/cm	2.50	2.50	2.50
污染前平衡压力/MPa	0.134	0.345	0.126
污染前(K_1)/mD	6.251	2.155	6.198
污染介质	压井液	前置清洗液	新型暂堵液
污染后平衡压力/MPa	0.148	0.351	0.105

岩心类型	天然岩心	天然岩心	天然岩心
污染后(K_2)/mD	5.663	2.118	7.438
污染后渗透率恢复值 (K_2/K_1)/%	90.5	98.3	120.0

从上面的实验结果来看，新型修井液污染后，三块岩心的渗透率恢复值均在 90% 以上，均具有较好的储层保护效果。

5.3　弱酸螯合储保技术

文昌油田群疏松砂岩储层高孔中高渗，物性较好，黏土以伊蒙混层为主，存在中偏强水敏。该区块修井过程由于漏失量大导致了黏土的分散运移，部分井含水上升问题突出。除此之外，随着油田的全面见水，微粒运移伤害严重，急需对应的解决措施。

5.3.1　技术原理

以往修井液主要功能为井控与储层保护，少有涉及污染解除及增产功能。本研究以储层保护为基础，引进弱酸螯合剂，能够螯合海水中的钙、镁离子，避免其进入储层中产生新的沉淀，解除各种液相的不配伍性。除此外，该螯合剂同时能释放出 H^+，能够对近井壁及可能进入油层的碳酸钙加重材料和屏蔽材料起到一定的酸洗作用，对无机垢和有机垢具有一定的酸溶作用，减轻其对储层的损害。

5.3.2　体系构建及参数指标

隐形酸修井液是沿用了完井阶段的完井液体系，它是由过滤海水或过滤盐水、黏土稳定剂 PF-HCS、防腐杀菌剂 PF-CA101 和隐形酸螯合剂 PF-HTA 组成，用 NaCl 或 KCl 调节密度，下面对隐形酸修井液配方体系进行了优化及评价。

5.3.2.1　体系优化

（1）PF-HTA 加量的优化　PF-HTA 是一种金属离子螯合剂，它能有效螯合易沉淀的金属离子，防止修井液与地层水不配伍产生沉淀，实验考察了在不同 PF-HTA 加量下与地层水的配伍性，结果见表 5-19。

表 5-19　PF-HTA 优化结果表 -

PF-HTA 加量	修井液与地层水不同比例(V : V)混合后浊度值,NTU								
	10 : 0	9 : 1	7 : 3	6 : 4	5 : 5	4 : 6	3 : 7	2 : 8	0 : 10
0	14	16	39	41	35	24	24	10	2.4
0	2	18	15	12	33	44	26	29	2.5
1%	0.3	0.6	0.5	1.6	10	4.5	45	31	2.4
1%	0.6	1.6	1	1.6	0.6	0.3	0.2	0.2	2.5
2%	0.5	0.9	2.4	2.3	1.6	2.3	0.3	0.3	2.4

　　随着 PF-HTA 加量的增大,修井液和地层水混合液的浊度值逐渐下降,当 HTA 加量大于 1.0% 时,混合液的浊度值不再发生变化,满足小于 30 NTU 的作业要求,最终确定 PF-HTA 的加量为 1%。

　　(2) 黏土稳定剂的筛选及评价　采用离心法测定防膨率,对 PF-HCS、PF-UHIB、PF-GJC、BH-HCS、BH-FP01、HCOOK、KCl 7 种黏土稳定剂进行了筛选和评价,并对其加量进行了优化,结果见图 5-16。

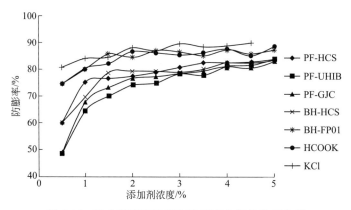

图 5-16　黏土稳定剂浓度与防膨率之间的关系曲线

　　由黏土稳定剂评价结果可知,随着黏土稳定剂浓度的增加,防膨率逐渐升高,当达到一定浓度时,防膨率基本不再发生变化,不同黏土稳定剂的临界浓度(添加剂的最佳浓度)不同;对比这 7 种黏土稳定剂,可以看出 KCl 的防膨率明显优于其他的添加剂,这主要因为 K^+ 直径(0.266nm)与黏土表面由 6 个 O 原子围成的空隙内切直径(0.280nm)相匹配,易进入此空间并不易从空间释放,可有效的中和黏土表面的负电性,另一方面减少黏土表面扩散双电层厚度及 Zeta 电势。当其浓度达到 2.0% 时,防膨率达到了88％，满足储层保护要求。

（3）缓蚀剂加量优化　此次优选的冲洗液体系整体为弱酸性，为避免对井下管柱造成腐蚀伤害，加入常用CA101缓蚀剂，以过滤海水＋2.0%KCl＋1.5%HTA为实验基液，评价了其对N80钢的腐蚀性能以及缓蚀剂CA101加量对其缓蚀效果，实验结果见表5-20。

评价方法采用腐蚀失重法，根据中国GB/T10121—88《金属材料实验室均匀腐蚀全浸试验方法》、中国石油行业标准SY/T5273—2014进行试验。

表 5-20　冲洗液腐蚀性评价表（实验周期 24h/80℃/N80 钢）

CA101 浓度/%	片号	W_1/g	W_2/g	ΔW/g	年腐蚀速率/(mm/a)
0	8306	13.6002	13.4655	0.1347	1.04253
0.3	8328	12.6174	12.4988	0.1186	0.91792
0.5	8329	12.2167	12.2029	0.0138	0.10681
0.8	8325	12.5428	12.5384	0.0044	0.03405
1.0	8316	12.8408	12.8375	0.0033	0.02554
1.5	8318	13.6348	13.6306	0.0042	0.03251

未加缓蚀剂前，冲洗液对钢材有明显的腐蚀性，但通过添加缓蚀剂1%～1.5%CA101后可大幅度降低腐蚀速率，满足冲洗解堵作业要求。

（4）体系配方　优化后修井液配方：1m³ 海水＋2%黏土稳定剂 KCl＋1.0%金属离子螯合剂 PF-HTA＋1%防腐杀菌剂 PF-CA101。

5.3.2.2　性能评价

（1）配伍性　在 20℃ 和 80℃ 条件下，分别考察了修井液与珠海组地层水配伍性，结果见表5-21。

表 5-21　珠海组地层水与修井液的配伍性实验结果

实验温度/℃	地层水：修井液				
	2：8	4：6	5：5	6：4	8：2
20	澄清	澄清	澄清	澄清	澄清
80	澄清	澄清	澄清	澄清	澄清

结果表明，修井液和地层水按不同比例混合后，无浑浊结垢现象发生（表5-21），修井液与地层水配伍性良好。

（2）储层保护性评价　为了模拟现场实际，将岩心用地层水充分饱和，在90℃储层温度下，用修井液对岩心污染3d，考察修井液对储层的伤害情况，结果见表5-22。由实验结果可知，修井液对岩心污染3d后，岩心恢复率达到了90％，表明修井液对储层的损害较小，具有很好的储层保护效果。

表5-22　岩心配伍性实验结果

岩心编号	原始渗透率/mD	伤害后渗透率/mD	恢复率/%
A	82.14	74.13	90.25
B	69.37	62.67	90.34

5.3.3　典型应用案例

以 Wen19-1-A1h 井为例来说明"改良隐形酸"修井液研究成果在现场的应用情况。A1h 井换大泵（原机组：1000m³/800m；新下入机组：3000m³/1000m）作业，修井液采用"改良隐形酸"修井液的研究成果，其配方为：海水＋2％黏土稳定剂 KCl＋0.5％～1.0％金属离子螯合剂 PF-HTA＋1％防腐杀菌剂 PF-CA101。以下为 A1h 井"改良"隐形酸修井液体系的应用情况。

（1）修井液漏失情况　A1h 井共作业 13d，修井液累计漏失 180m³，该井压力系数约为 0.95，地层压力与管内液柱压力相差不大，所以本次作业修井液漏失量不大。

（2）修井液应用效果评估　表 5-23 为 A1h 井修井前后生产情况，A1h 井产液在恢复生产时即完全恢复，投产后产液高于修井前 622m³/d；产油在投产 1d 后即恢复到修井前水平，由此判定产油恢复期为小于 1d。采用"改良隐形酸"修井液修井后产液及产油均可快速恢复，产油恢复期在 1d 以内，极大地缩短了产油的恢复期，有效地提高了油井产能。

表5-23　A1h 井修井后产液及产油恢复情况

	时间	产液/(m³/d)	产油/(m³/d)	产水/(m³/d)	含水/%
修井前	—	1250	215	1035	82.8
修井后	1d	1872	322	1550	82.8

为了更直观地反映修井液的应用效果，通过采液或采油指数（无相关数据则用产油及产液数据判定）来判定修井液的储层保护效果，表 5-24、表 5-25 分别为 A1h 井修井前后的平均生产数据及采液/采油指数的变化情

况。"改良隐形酸"体系对储层基本无伤害，修井后产液及产油指数恢复值均达到了 126.4％，远超于生产前水平，这是因为"改良"隐形酸修井液本身具有一定的酸性，对黏土矿物就有一定的溶蚀作用，在一定程度上可以扩大储层流通通道，使得储层产能进一步释放。

表 5-24　A1h 井修井前后平均生产数据

	产液/(m³/d)	产油/(m³/d)	含水/%	井底流压/MPa
修井前生产情况	1250	215	82.8	7.46
修井后生产情况	1872	322	82.8	7.91

表 5-25　A1h 井修井前后采液与采油指数的变化情况

测试项目	采油指数[m³/(MPa·d)]	采液指数[m³/(MPa·d)]	损失率/%	恢复率/%
修井前	111.7	648	0	126.4
修井后	141.2	819	0	126.4

5.4　低压气井纳米封堵储保技术

东方、乐东气田已进入递减期，压力衰竭严重，同时老井出砂及更换管柱问题亟待修井解决。由于储层压力系数低，压差大，修井过程大量漏失可能导致修井后无法复产，急需对应修井液技术。

5.4.1　技术原理

本研究首次引入纳米技术，在传统凝胶类堵剂的基础上添加纳米封堵材料，在封堵大孔道的同时实现封堵孔隙间的纳米填充。根据东方气田储层特征，设计了纳米分子核壳结构，加入少量具有特殊官能团结构的功能单体使胶乳产品具有更好的耐温抗盐性能。研发成功的纳米封堵剂呈球形，大小分布较均匀，具有良好热稳定性及低泡沫性。

5.4.2　体系构建及参数指标

5.4.2.1　米胶乳设计路线

乳液聚合是合成聚合物纳米微球的常用方法之一，所用设备和生产工艺简单、操作方便、生产灵活、技术成熟、成本低廉，且以水为溶剂介质，生产安全，对环境污染小。因而本项目聚合物纳米微球采用乳液聚合工艺方法。

依据乳液聚合原理、乳胶粒子的化学稳定机理及影响乳胶粒子粒径大小的理论知识，并根据砂盘滤失性能评价试验、钻井液体系相关标准和相关钻井液体系评价方法，自主研发合成抗高温高盐纳米胶乳封堵剂。其具体的技术设置方案详见图 5-17 所示。

（1）选择合适的单体、乳化剂及其他助剂，采用合适的合成工艺，合成胶乳；

（2）通过调节合成技术，以期得到预期理化性能的胶乳，其理化性能包括固含量、粒径、化学稳定性、温度稳定性、贮存稳定性、材料的玻璃化温度等；

（3）通过调节粒胶乳的理化性能，研究其封堵性能及作用机理。

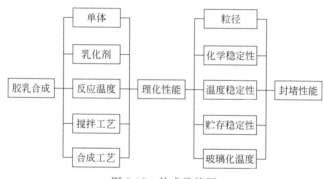

图 5-17 技术路线图

5.4.2.2 纳米胶乳研发

（1）**主单体的选择** 通过理论分析和实验研究确定了主单体的种类及配比。

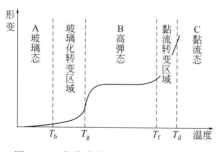

图 5-18 非晶态聚合物的温度形变曲线

非晶高分子聚合物在随着温度的升高呈现出不同的力学状态，如图 5-18 所示。在选择单体及配比时，考虑胶乳封堵剂在井下的作业温度条件及封堵原理，应使其处于 B 区高弹态，具有橡胶般的可变形性，以利于在压差作用下被挤入微小裂缝而形状不被破坏。依据井底作业的温度范围和 FOX 公式综合生产成本来确定软硬单体种类及配比：

FOX 公式：$1/Tg = W_1/Tg_1 + W_2/Tg_2 + W_3/Tg_3 + \cdots + W_n/Tg_n$

最终选择 St 和 Eh 作为产品的主单体。

（2）功能单体的选择　通过理论分析和实验研究确定了功能单体种类及配比。加入少量具有特殊官能团结构的功能单体可以使胶乳产品具有更好的耐温抗盐性能。从表 5-26 可以看出，相比于只由主单体聚合得到的3♯胶乳样品，加入不同功能单体的 4♯ 和 5♯ 样品明显具有更好的效果。因此我们经过实验筛选和理论研究确定了以 AP 和 NV 作为功能单体。

表 5-26　加入功能单体对胶乳耐盐抗温性能的影响

	1♯	2♯	3♯	4♯	5♯
主单体	St＋Eh	St＋Eh	St＋Eh	St＋Eh＋AP	St＋Eh＋AP＋NV
功能单体	AS	NP	AS＋NP	AS＋NP	AS＋NP
30℃	✗	✗	✓	✓	✓
40℃			✗	✓	✓
60℃				✗	✓
80℃					✗

（3）乳化剂的选择　通过理论分析和实验研究确定了乳化剂的种类及配比。表面活性剂是乳液聚合系统中主要的组分之一，在乳液聚合的过程中起着至关重要的作用。总的来说乳化剂起着降低表/界面张力、乳化、分散、增容、稳定乳胶粒子、发泡等多种作用。乳化剂的种类有上千种，不同的乳化剂具有不同的特点，表 5-27 列出了我们筛选的部分表活剂的性能特点。传统的乳化剂在乳液聚合过程中不参加化学反应，在产品中表活剂分子通过物理作用（例如疏水缔合作用）稳定胶乳粒子，这一类乳化剂往往具有发泡强的特点；一些特殊的乳化剂（特种乳化剂 1）本身又是带有可聚合双键的单体，但由于其分子结构的特点，这一类乳化剂在乳液聚合过程中只有部分可参与化学反应，因此在胶乳产品中乳化剂分子通过化学和物理双重作用对乳胶粒子起到保护作用，较之常规乳化剂，这一类分子发泡较低；少量具有极特殊结构的乳化剂分子（特种乳化剂 2）在乳液聚合过程中能够几乎完全参与化学反应，以化学键与聚合物胶乳粒子相作用，这类乳化剂的发泡性也最低。

在选择乳化剂时，首先考虑乳化剂的 HLB 值，在此基础之上还要考虑其耐盐耐温性及发泡性能。发泡严重的乳化剂会造成钻井液性能改变而影响产品应用效果。从表 5-27 还可以看出,使用复合乳化剂得到的样品性能更优异,因此综上所述我们选择了 NT 和 FR 两种乳化剂复合使用,以保证胶乳产品具有良好的耐温抗盐性能和较低的发泡性能。

表 5-27   不同种类表活剂的作用特点、浊点及发泡性能

分类	作用方式	乳化剂	浊点	泡沫特点
常规乳化剂	物理作用	AS	✗	高泡
		NP	53℃	高泡
		CO	✗	高泡
		SA	✗	高泡
		OS	73℃	高泡
		JN	32℃	高泡
		CA	>90℃	超高泡
特种乳化剂 1	物理作用 + 化学作用	NT	51℃	中低泡
		FR	29℃	中低泡
		SN	33℃	中泡
特种乳化剂 2	化学作用	HS	✗	低泡
		BC	✗	低泡
		HA	✗	低泡

注:浊点依据 GB/T 5559—2010《环氧乙烷型及环氧乙烷-环氧丙烷嵌段聚合型非离子表面活性剂浊点的测试》进行测定,测试条件为 20% NaCl 溶液,测试温度 25℃。

（4）聚合工艺的选择   通过理论分析和实验研究确定了聚合工艺。聚合物乳液的合成要通过一定的工艺来进行。根据聚合反应的艺特点,乳液聚合工艺通常可分为间歇法、半连续法、连续法、种子乳液聚合等。

① 连续法乳液聚合通常用釜式反应器或管式反应器,前者应用较广,一般为多釜串联,如丁苯胶乳、氯丁胶礼的合成等。连续法设备投入大,粘釜、挂胶不宜处理,但是,连续法乳液聚合工艺稳定,自动化程度高,产量大,产品质量也比较稳定。因此,对大吨位产品经济效益好,小吨位高附加值的精细化产品一般不采用该法生产。

② 预乳化聚合工艺无论半连续法乳液聚合或是连续法乳液艰合,都可以采用单体的预乳化工艺。单体的预乳化在预乳化釜中进行,为使单体预乳化液保持稳定,预乳化釜应给予连续或间歇搅拌。预乳化聚合工艺避免

了直接滴加单体对体系的冲击，可使乳液聚合保持稳定，粒度分布更加均匀。

③ 种子乳液聚合就是首先就地合成或加入种子乳液，以此种子为基础进一步聚合最终得到乳液产品。为了得到良好的乳液，应使种子乳液的粒径尽量小而均匀，浓度尽量大。种子乳液聚合以种子乳胶粒为核心，若控制好单体、乳化剂的投加速度，避免新的乳胶粒的生成，可以合成出优秀的乳液产品。

从表 5-28 可以看出，采用同样的原料及相同的配方，不同的聚合工艺得到的产品性能有很大差异。采用核壳种子乳液聚合工艺得到的产品无论在盐水中还是在含盐基浆体系性能都很稳定。因此我们选择此工艺进行实验研究。

表 5-28 乳液聚合工艺研究

聚合工艺	工艺特点	胶乳外观	粒径分布	抗盐/抗温性
间歇乳液聚合	一次性加料，不利工业化生产	发白,粗糙	窄	✗/✗
预乳化半连续乳液聚合	连续加料,体系稳定,组成单一	泛蓝光,细腻	窄	✓/✗
预乳化半连续(助乳化剂法)	大幅降低表活剂用量	泛蓝光,细腻	较宽	✓/✗
核壳种子乳液聚合	工艺复杂,胶乳结构功能特殊	泛蓝光,细腻	窄	✓/✓

注：测试条件分别为 20% NaCl 溶液(95℃)和含有 20% NaCl 的钻井液基浆体系(120℃)。

综上所述，通过对单体、乳化剂、功能单体、聚合工艺进行了详细的考察和筛选，在此基础上进行合成实验，并对样品进行了评价。

5.4.2.3 纳米胶乳物性评价

（1）产品外观 N-seal 产品为乳白色液体（图 5-19），泛蓝光，固含量 42%，密度（1.05 ± 0.03）g/cm^3。

（2）红外表征 N-seal 封堵剂的红外光谱分析见图 5-20。图中，$3026cm^{-1}$ 和 $1601cm^{-1}$ 处分别是苯环不饱和键的伸缩振动和弯曲振动吸收峰，$906cm^{-1}$ 和 $756cm^{-1}$ 处为苯环指纹区特征吸收峰；$1728cm^{-1}$ 是 C=O 键的伸缩振动特征峰，而 $1205cm^{-1}$ 和 $1154cm^{-1}$ 处分别为 C—O—C 的伸缩振动及弯曲振动吸收峰；$1154cm^{-1}$、$1128cm^{-1}$ 处为磺酸基的伸缩振动峰；$2923cm^{-1}$ 处为—CH_3 的伸缩振动吸收峰，$1451cm^{-1}$ 和 $1377cm^{-1}$ 处为—CH_3

的弯曲振动吸收峰；$2856cm^{-1}$ 为—CH_2 的伸缩振动吸收峰，$1492cm^{-1}$、$756cm^{-1}$ 处为—CH_2 的伸缩振动及弯曲振动吸收峰。N-eal 的分子结构符合分子设计初衷。

图 5-19 胶乳样品外观

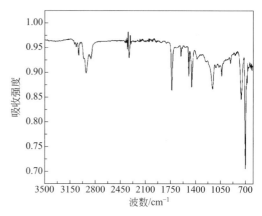

图 5-20 N-seal 红外光谱图

（3）透射电镜（TEM）表征   从上述研究来看，采用核壳种子乳液聚合工艺得到的产品满足我们的性能要求。图 5-21 是产品粒子的 TEM 图。从图中可以看出，所得到的胶乳粒子呈球形，大小分布较均匀，并且能够明显的看出其呈现出核壳形态。这也符合我们采用核壳种子乳液聚合工艺的预期。

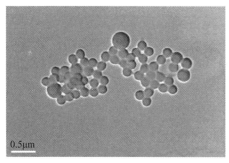
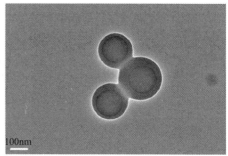

图 5-21 N-seal 透射电镜图

核壳乳液聚合乳液与一般聚合物乳液相比，区别在于乳胶粒的结构形态不同。由于核壳乳胶粒的核、壳之间可能存在接枝、互穿或者离子键等，不同于一般聚合物或混合物，在相同原料组成的情况下，具有核壳结构的乳胶粒子可以显著提高聚合物的耐磨、耐水、抗污、防辐射以及抗张强度、抗冲强度和黏结强度，改善其透明性，降低最低成膜温度，改善加工性能。由于核壳乳胶粒子形态独特，结构可设计，选择合适的聚合单体和聚合方式，从分子水平来设计合成，就可以比较方便地控制乳胶粒的大小和分散性，使之具有特定功能。

在本研究中，为了赋予乳胶良好的耐温、抗盐性能，我们不仅采用了特殊的功能单体，抗盐耐温能力强的复合乳化剂，还从粒子的形态结构设计入手，采用核壳种子乳液聚合工艺，形成了以疏水聚合物为内核，亲水官能团分布在粒子表面的疏水/亲水的核壳结构（图 5-22），从而使其耐温抗盐性能满足我们的需求。

（4）粒径测试　在制备 N-seal 时，我们将离子型乳化剂与非离子型乳化剂联合使用，两种乳化剂提供电荷和空间双重保护作用，从而比使聚合物溶液比只单独使用一种类型乳化剂取得更好的电化学稳定性；另外，我们还引入少量亲水性功能单体改善聚合物乳液的抗盐、抗温能力。

用 Mastersizer2000 型激光粒度仪对 N-seal 乳液的粒度进行分析，见图 5-23。曲线 1 表明新制备的聚合物乳液颗粒分布较为集中，平均粒径为约为 100nm；而在 95℃ 的 20％盐水中的放置 16h 后，如曲线 2 所示其粒径变化不大，说明 N-seal 具有很好的抗盐、抗温能力。

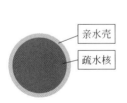

图 5-22　N-seal 粒子
形态结构示意图

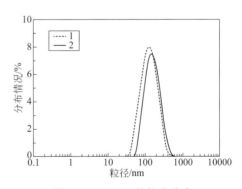

图 5-23　N-seal 的粒度分布
曲线 1 为新制备乳液的粒度分布；
曲线 2 为乳液在 95℃ 的 20％海水中放置 16h 后的粒度分布

（5）热重分析（TG）　聚合物热稳定性通过热重分析仪（TG）进行评价，如图 5-24 所示。由图可知，聚合物热分解起始温度约为 391.9℃，此时聚合物开始分解，残余质量分数为 99.79％，表明聚合物热稳定性较好。乳胶粒子核层含有苯环，其为离域结构，自身有良好的热稳定性；相对一般的烷基碳链合成的聚合物，苯乙烯 α 碳与苯环碳间的 C—C 键刚性极强，高温环境下分子链热运动受阻，提高了聚合物的抗温能力；在 405℃ 附近，热重曲线近似垂直下降，聚合物主链开始分解；热分解终止点为 425℃，聚合物残留质量分数为 3.63％，近乎完全热分解。

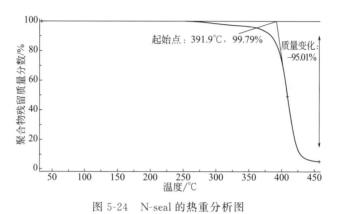

图 5-24　N-seal 的热重分析图

（6）Zeta 电位测试　由于带电微粒吸引分散系中带相反电荷的粒子，离颗粒表面近的离子被强烈束缚着，而那些距离较远的离子形成一个松散的电子云，电子云的内外电位差就叫做 Zeta 电位。微粒表面带同性电荷时，由于同性电荷相斥，粒子间不易聚集，从而使体系趋于稳定。因此，微粒分散体系的电荷多少（以 Zeta 电位衡量）是体系稳定性大小的一个重要指标，一般情况下都是绝对值越大稳定性越好，一般乳液的 Zeta 电位值达到 $-30mV$ 稳定性就比较好。

N-seal 的 Zeta 电位值达到 $-50mV$（图 5-25），说明其稳定性非常好。这是因为 N-seal 的乳胶粒的电荷来源不仅包括采用阴离子/非离子复合乳化剂中的阴离子乳化剂，壳层亲水聚合物也提供了阴离子官能团，从而有利于产品乳胶粒子的稳定性，有助于提高其耐温抗盐性能。

（7）冻融稳定性　由于乳液体系主要由聚合单体、水、乳化剂及溶于水的引发剂等基本组分组成，其中约有一半组成是水，乳液及由其配制的涂料在很多情况下要被暴

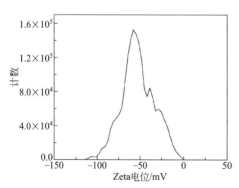

图 5-25　N-seal Zeta 电位分布曲线

露于冻结的气候条件下，当聚合物乳液遇到低温条件时会发生冻结。冻结和融化会影响乳液的稳定性，轻则造成乳液表观黏度上升，重则造成乳液的凝聚。冻融稳定性即是指乳液经受冻结和融化交替变化时的稳定性。

从图 5-26 可以看出，N-seal 在经历冷冻循环后仍然可以恢复原貌，并无破乳现象发生，说明其具有良好的冻融稳定性。这是因为即使冷冻-解冻过程增加了粒子之间碰撞的机会，但 N-seal 的乳胶粒子之间表面电荷斥力足够大，使得其并不会发生粒子聚集并沉降。另一方面，我们采用的是可聚合的乳化剂，部分乳化剂以化学键方式与乳胶粒的聚合物相连，冷冻-解冻循环过程并不会破坏这种结构，因此也增加了产品的冻融稳定性。

图 5-26　将 N-seal 进行冷冻（左图）-恢复（右图）循环

（8）发泡性能　由于含有大量表面活性剂，而这些表面活性剂本身又是发泡剂，所以普通市售胶乳在搅拌时会产生大量气泡，这会给其在钻井液中的应用带来极大困难。而 N-seal 在合成时选用了特殊的低泡可聚合乳化剂，而且这些乳化剂又部分参加了化学反应，再加入少量针对 N-seal 而筛选的抑泡物质，因而相较于市售胶乳具有极低的起泡率，如图 5-27、表 5-29 所示。

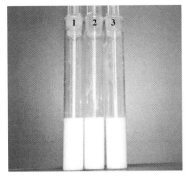 

图 5-27　发泡性能对比
1—巴斯夫 DP10092；2—BCT800L；3—N-seal

表 5-29　不同类型发泡性能对比数据

起泡率/%	胶乳类型		
	巴斯夫 DP10092	BCT800L	N-seal
起泡率(开始)	41	30	2
起泡率(5min)	36	27	0

5.4.2.3　胶乳封堵剂的优选

气井中滤液侵入会严重的影响储层渗透率，为了进一步降低弱凝胶体系中的滤失量，结合前期研究成果，体系中加入胶乳类封堵剂。胶乳类封堵剂的有机高分子尺寸在胶体颗粒范围内，加入这些处理剂后，他们一方面使分子的长链嵌入滤饼的间隙中，另一方面长链子卷曲成球状，堵塞滤饼微孔隙，使滤饼薄而细致，从而可更加高效地大幅降低滤失量、提高体系的承压能力，达到封堵地层的目的。

（1）不同类型胶乳封堵剂的优选　在选定的 5% 胶乳加量条件下，考察不同种类胶乳类封堵剂对体系滤失量的影响，实验配方如表 5-30 所示，实验数据及曲线见表 5-31、图 5-28。

表 5-30　不同种类胶乳封堵剂优选实验配方

名称	加量/%		
	6#	7#	8#
海水	—	—	—
NaOH	0.1	0.1	0.1
PF-ACA	0.2	0.2	0.2
EZ-VIS	0.4	0.4	0.4
PF-EZ-FLO	1.5	1.5	1.5
EZCARB	8.0	8.0	8.0
胶乳-1	5.0	—	—
胶乳-2	—	5.0	—
胶乳-3	—	—	5.0

注：实验条件为 85℃,7MPa,400mD 砂盘。

表 5-31　不同种类胶乳封堵剂体系渗透性滤失量实验数据

序号	滤失量/mL							
	1min	5min	7.5min	10min	15min	20min	25min	30min
1#	1.75	2.58	2.81	3.11	3.61	4.06	4.54	5.06

续表

序号	滤失量/mL							
	1min	5min	7.5min	10min	15min	20min	25min	30min
2#	2.81	4.21	4.53	4.81	5.34	5.79	6.32	6.82
3#	4.19	5.75	6.20	6.58	7.29	8.00	8.61	9.27

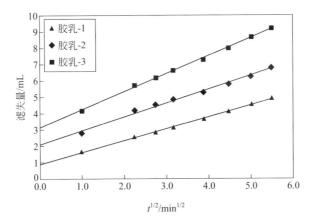

图 5-28　不同种类胶乳封堵剂体系渗透性滤失量曲线

由以上数据可知，在 85℃、7MPa 条件下，选用 400mD 砂盘时胶乳-1 体系的渗透性滤失量最小，为 5.06mL，并且平均滤失速率也最小，为 0.168mL/min。所以采用胶乳-1 进行后续实验。

（2）胶乳-1 加量的优选　选择常用的胶乳类封堵剂，分别考察其不同加量下体系的滤失量（1%、3%、5%、7% 和 9%），实验配方如表 5-32 所示，实验数据及曲线见表 5-33、图 5-29 所示。

表 5-32　不同胶乳加量体系实验配方

名称	加量/%					
	4#	5#	6#	3#	7#	8#
海水	—	—	—	—	—	—
NaOH	0.1	0.1	0.1	0.1	0.1	0.1
PF-ACA	0.2	0.2	0.2	0.2	0.2	0.2
EZ-VIS	0.4	0.4	0.4	0.4	0.4	0.4
PF-EZ-FLO	1.5	1.5	1.5	1.5	1.5	1.5

续表

名称	加量/%					
	4♯	5♯	6♯	3♯	7♯	8♯
EZCARB	8.0	8.0	8.0	8.0	8.0	8.0
胶乳-1	—	1.0	3.0	5.0	7.0	9.0

注：实验条件85℃,7MPa、400mD砂盘。

表 5-33　不同胶乳加量体系渗透性滤失量实验数据

序号	滤失量/mL							
	1min	5min	7.5min	10min	15min	20min	25min	30min
4♯	5.48	6.91	8.09	8.33	9.46	10.51	11.45	12.28
5♯	5.11	6.77	7.52	8.18	9.16	9.98	10.75	11.44
6♯	3.10	5.31	5.75	6.16	6.85	7.53	8.13	8.73
3♯	1.75	2.58	2.81	3.11	3.61	4.06	4.54	5.06
7♯	1.67	2.24	2.44	2.60	2.94	3.27	3.59	3.95
8♯	1.65	2.20	2.32	2.41	2.75	3.02	3.32	3.54

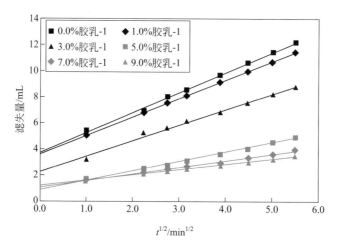

图 5-29　不同胶乳-1加量对体系渗透性滤失量的影响

　　由以上数据可知，体系中为不加入胶乳类降封堵剂时，体系渗透性滤失量较大，30min 滤失量为 12.28mL；加入 1% 胶乳降滤失剂后，体系的失水略微减小，随着胶乳加量的逐渐增加，体系的渗透性滤失量也逐渐减小。当胶乳加量由 5% 继续增大至 7% 甚至到 9% 时，体系的渗透性滤失量从

5.06mL 减小到 3.95mL 和 3.54mL，说明胶乳加量超过 5% 后体系的渗透性滤失量降速逐渐放缓。

（3）基础配方　纳米乳胶搭配传统封堵材料，形成基本配方：0.2% PF-ACA＋0.4% EZ-VIS＋1.5% PF-EZ-FLO＋8% EZCARB＋1.5% RF-NETrol＋1.0% PF-FC＋5.0%～7.0% 胶乳-1。

5.4.2.4　砂盘暂堵性能评价

参考 GB/T 29170—2012《石油天然气工业　钻井液　实验室测试》，通过 PPT 封堵仪，选用 400mD 砂盘，评价前期实验确定的弱凝胶暂堵液体系的砂盘封堵性能，实验条件 85℃，承压 15.0MPa。体系配方如表 5-34 所示。

表 5-34　EZFLOW-CF 体系修井液配方

名称	加量/%		
	1#	2#	3#
海水	—	—	—
NaOH	0.1	0.1	0.1
PF-ACA	0.2	0.2	0.2
EZ-VIS	0.4	0.4	0.4
PF-EZ-FLO	1.5	1.5	1.5
EZCARB	8.0	8.0	8.0
胶乳-1	5.0	7.0	9.0
RF-NETrol	1.5	1.5	1.5
PF-FC	1.0	1.0	1.0

表 5-35　EZFLOW-CF 体系的砂盘封堵实验结果

试验编号	时间/min						瞬时失水/mL	滤失量/mL	平均滤失速率/(mL/min)
	1	2.5	5	7.5	15	30			
1#	1.75	1.85	2.58	2.81	3.61	5.06	2.81	10.12	0.17
2#	1.67	1.71	2.24	2.44	2.94	3.95	2.44	7.90	0.13
3#	1.65	1.70	2.20	2.32	2.75	3.54	2.32	7.08	0.12

注：实验温度 85℃，压差 15MPa，400mD 砂盘。

由表 5-35 可知，随着胶乳-1 加量的增加 EZFLOW-CF 体系的 PPT 封堵实验滤失量越来越小，平均滤失速率越来越小。

5.4.2.5　砂盘的返排性能评价

使用泥饼返排压力的测定装置，使用恒温控制器模拟实验温度，用管线将提供压力的氮气瓶与高温高压失水桶相连，测定滤失量制得泥饼。然后倒掉钻完井液，将高温高压滤失桶倒置安装好，与平流泵和中间容器相连，使用实时监测软件，测定突破压力和返排平衡压力。

刚开始返排时，泥饼并未破坏，返排压力逐渐升高。当返排压力升高到最大值即突破压力时，返排压力瞬时下降，此时泥饼被破坏，流动通道建立伴随着滤液流出。一旦流动通道建立后，随着返排的进行，堵塞砂盘孔道的固相颗粒逐渐被驱出，返排压力逐渐降低直至平衡，即返排平衡压力 ΔP_{final}。实验仪器见图5-30。

图 5-30　实验仪器

进行两组体系评价实验，首先考察不同胶乳加量下体系的返排性能（1%、3%、5%、7%和9%），实验配方如表5-36所示，实验数据及曲线见表5-37、图5-31。

表 5-36　不同胶乳加量体系返排性能实验配方

名称	加量/%					
	1#	2#	3#	4#	5#	6#
海水	—	—	—	—	—	—
NaOH	0.1	0.1	0.1	0.1	0.1	0.1
PF-ACA	0.2	0.2	0.2	0.2	0.2	0.2
EZ-VIS	0.4	0.4	0.4	0.4	0.4	0.4
PF-EZ-FLO	1.5	1.5	1.5	1.5	1.5	1.5
EZCARB	8.0	8.0	8.0	8.0	8.0	8.0
胶乳-1	0	1.0	3.0	5.0	7.0	9.0
RF-NETrol	1.5	1.5	1.5	1.5	1.5	1.5
PF-FC	1.0	1.0	1.0	1.0	1.0	1.0

注：实验条件为85℃,7MPa,400mD砂盘。

表 5-37　不同胶乳加量体系返排实验数据

序号	1 min	5 min	7.5 min	10 min	15 min	20 min	25 min	30 min	突破压力 /psi	平衡压力 /psi
1#	5.48	6.91	8.09	8.33	9.46	10.51	11.45	12.28	2.356	0.565
2#	5.11	6.77	7.52	8.18	9.16	9.98	10.75	11.44	2.002	0.673
3#	3.10	5.31	5.75	6.16	6.85	7.53	8.13	8.73	1.967	1.098
4#	1.75	2.58	2.81	3.11	3.61	4.06	4.54	5.06	1.701	0.856
5#	1.67	2.24	2.44	2.60	2.94	3.27	3.59	3.95	6.077	5.510
6#	1.65	2.20	2.32	2.41	2.75	3.02	3.32	3.54	7.832	6.248

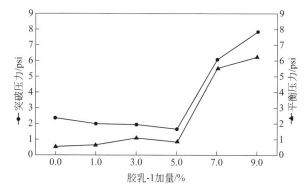

图 5-31　不同胶乳加量体系渗透性封堵返排压力曲线

由以上数据可知，体系中胶乳-1 加量≤5％时，对体系的影响较小，返排平衡压力在 1.7～2.0psi 之间，平衡压力在 0.67～1.0psi 之间，当体系中胶乳-1 加量达到 7％时，体系的返排突破压力增加为 6.077psi，平衡压力增加为 5.510psi。结合前期实验结果，说明 5％胶乳-1 体系的返排性能最优。

5.5　高温超低压气井强封堵储保技术

崖城 13-1 气田储层温度高达 180℃，2011 年进入开发递减期后，压力系数衰竭至 0.2，高温超低压条件下，对修井液的封堵性和返排性提出更高的要求。高温超低压修井储层保护被视为世界性难题，常规凝胶类暂堵液难以在高温下保持稳定封堵性，固相颗粒封堵存在难以返排、堵塞储层的风险。

5.5.1　技术原理

通过技术攻关，构建了 1 套耐高温强封堵络合水修井液体系，包含以下 4 项核心技术。

（1）络合水技术（图 5-32）　具有较低的气液表面张力、较好的防水敏性，束缚自由水，形成网络结构的络合水，减少滤液侵入，防止水敏、水锁损害发生，保护储层。

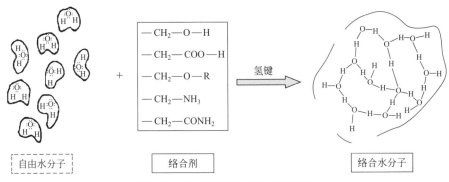

图 5-32　络合剂分子内络合示意图

（2）凝胶网络封堵技术（图 5-33）　自身具有网络结构的高温水凝胶和无机水凝胶，与纤维材料、降失水剂等，在正压差的作用下，挤进孔隙或裂缝中，纵横交错，相互拉扯，形成双重网状结构，与刚性颗粒在裂缝上形成滤网式架桥，提高封堵层的抗温、抗压强度。

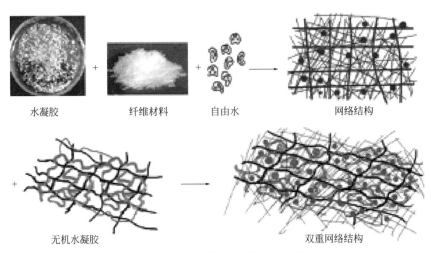

图 5-33　凝胶网络封堵技术示意图

（3）成膜封堵技术（图 5-34）　　在温度和压力作用下通过在井筒流体与井壁界面形成一种完全隔离、封闭水相运移的疏水膜，以达到降低固液相侵入和提高封堵承压能力的目的。

图 5-34　成膜封堵技术示意图

（4）高效悬浮稳定技术（图 5-35）　　由经过特别处理的原生单纤维丝组成，与体系混合并扩散后形成网络结构，具有很好的分散性和悬浮性，可充分缠绕、捕获杂物，从而可以成倍地增加流体的悬浮能力。

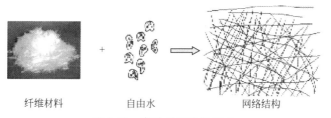

纤维材料　　　　　　自由水　　　　　　网络结构

图 5-35　高效悬浮稳定技术

5.5.2　体系构建及参数指标

5.5.2.1　核心处理剂筛选

（1）成膜封堵剂 FD　　成膜剂性能测试结果见表 5-38。

表 5-38　成膜封堵剂加量对体系流变性及滤失性的影响

FD 加量	实验条件	$AV/(mPa \cdot s)$	$PV/(mPa \cdot s)$	YP/Pa	$\Phi6/\Phi3$	FL_{HTHP}/mL
2.00%	加热前	82	61	21	22/20	
	加热 16h 后	94	63	31	18/15	3.2+38.6
4.00%	加热前	85	63	22	22/20	
	加热 16h 后	96.5	60	36.5	24/20	3.0+25.0

续表

FD 加量	实验条件	AV/(mPa·s)	PV/(mPa·s)	YP/Pa	Φ6/Φ3	FL_{HTHP}/mL
7.00%	加热前	95	60	35	23/20	
	加热 16h 后	100	60	40	17/15	3.0+15.2
8.00%	加热前	100	62	38	23/18	
	加热 16h 后	104	62	42	19/16	2.8+9.2
10.00%	加热前	103	61	42	28/26	
	加热 16h 后	108	60	48	24/21	2.7+9.0

随着成膜封堵剂 FD 加量的增加，暂堵液体系黏度逐渐增大，滤失量明显降低。

（2）高温水凝胶加量优化　为了提高暂堵型修井液体系的承压封堵性，采用的高温水凝胶和无机水凝胶自身皆具有的网络结构，与暂堵型修井液体系中原有的纤维材料、聚合物降失水剂等协同作用，即为双重网络封堵技术。在正压差的作用下，挤进孔隙或裂缝中，纵横交错，相互拉扯，形成双重网状结构，与刚性颗粒在裂缝上形成滤网式架桥，提高封堵层的抗温、抗压强度。随着高温水凝胶 NJ 加量的增加，暂堵液体系黏度渐增大，滤失量降低，该高温水凝胶 NJ 具有明显增黏作用，因此推荐其加量为 1.5%～1.75%。

5.5.2.2　配方优化及性能评价

针对性地构建了高温气井构建修井液配方：配液水＋0.3% NaOH＋0.2% Na₂CO₃＋悬浮稳定剂 XW＋8.0% 成膜封堵剂 FD＋5.0% 高温降失水剂 DL＋1.5% 高温水凝胶 NJ＋1.0% 无机水凝胶 （HIG-a：HIG-b＝1：3）＋3% KCl＋5% 络合剂 HLH-1。

（1）高温修井液评价　配制络合水暂堵液，测定 180℃下静置加热不同时间后的其流变性，结果见表 5-39。络合水暂堵液在 180℃下恒温 70d，流变性变化不大，具有较好的耐温性。

表 5-39　NJ 加量对体系流变性和滤失性的影响

NJ 加量	实验条件	AV/(mPa·s)	PV/(mPa·s)	YP/Pa	Φ6/Φ3	FL_{HTHP}/mL
1.00%	加热前	78	60	18	21/17	—
	加热 16h 后	85	60	25	15/11	3.0+16.2
1.50%	加热前	100	62	38	23/18	—
	加热 16h 后	104	62	42	19/16	2.8+9.2

续表

NJ 加量	实验条件	AV/(mPa·s)	PV/(mPa·s)	YP/Pa	Φ6/Φ3	FL_{HTHP}/mL
1.75%	加热前	120.5	66	54.5	26/20	—
	加热 16h 后	126.5	72	54.5	18/12	3.0+7.0
2.00%	加热前	>150	—	—	46/38	—
	加热 16h 后	139	68	71	26/20	0.9+6.2

表 5-40　络合水暂堵液体系高温流变性测试结果

实验条件	AV/(mPa·s)	PV/(mPa·s)	YP/Pa	Φ6/Φ3
加热前	100	62	38	23/18
180℃恒温 1d 后	104	62	42	24/20
180℃恒温 2d 后	108	63	45	26/20
180℃恒温 3d 后	108	63	45	26/20
180℃恒温 5d 后	108	63	45	26/20
180℃恒温 6d 后	107	62	45	26/20
180℃恒温 10d 后	108	63	45	26/20
180℃恒温 15d 后	104	62	42	25/20
180℃恒温 22d 后	103	61	42	25/20
180℃恒温 30d 后	104	62	42	25/20
180℃恒温 50d 后	98	61	37	23/19
180℃恒温 60d 后	98	61	37	23/19
180℃恒温 70d 后	98	61	37	23/19

　　配制络合水暂堵液，装入老化罐，在 180℃恒温静置老化，定期取出测定上下密度，观察其耐温稳定性，测试结果见表 5-40、图 5-36。络合水暂堵液在 180℃下恒温 70d，上下密度差小于等于 0.02g/cm³，具有较好的稳定性。

　　崖城 13-1 气田多深井，井深往往超过 5000 米，修井作业时间长，为了模拟现场长时间修井封堵情况，室内将络合水暂堵液与做承压封堵的 551♯人造岩心一同放入老化罐，在 180℃静置老化 70d 后，取出再进行 180℃、33MPa、60h 下该岩心的承压封堵性评价，结果见图 5-37。

　　封堵后的岩心与络合水暂堵液一同在 180℃下恒温 70d 后再进行 180℃、33MPa、60h 下的承压封堵性评价，其漏失速率较小，均在 0.5mL/h 以下，

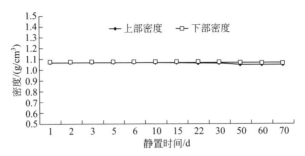

图 5-36   络合水暂堵液 180℃、70d 的上下密度变化曲线

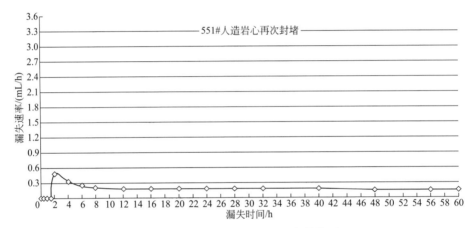

图 5-37   暂堵液老化后承压漏失趋势图

而且很快达到稳定，仍具有较好的承压封堵性，这是由于络合水暂堵液自身具有较好的抗温稳定性，因此具有较好的长时间承压封堵性。

（2）配套解堵液性能评价   室内压制络合水暂堵液 API 泥饼，模拟井壁上封堵泥饼，进行解堵液浸泡效果评价，实验结果见表 3-41，实验现象见图 5-38。

表 3-41   解堵液对络合水暂堵液 API 泥饼解除评价结果

序号	1#	2#
浸泡温度/℃	80	80
浸泡时间/h	3	3
失重率/%	95.75	96.27

高温络合水-水凝胶暂堵修井液体系针对崖城 13-1 气田做了大量实验研

浸泡前　　　　　　　　　　　浸泡后

图 5-38　络合水暂堵液 API 泥饼在解堵液中浸泡 3h 前后的现象

究，筛选出一套理论上适用的修井液配方，体系采用纤维增强体系封堵性，但是该纤维是固体物质，在平台作业时需要充分搅拌，使纤维均匀分散在修井液中，工艺上存在一定困难。另外，固体进入井下，可能会增加返排困难。目前，这两点还没有很好的解决方法。目前没有在现场应用的案例，其实用性还需要在现场应用后进行评价。

5.6　低界面防水锁储保技术

针对涠四段储层易造成水锁、水敏伤害的特点，修井液研究重点在于两方面：一方面为如何避免修井液侵入储层，引起储层敏感性损害；另一方面是对于不可避免侵入储层的修井液，如何提高修井液水锁、水敏的抑制性。

5.6.1　技术原理

低界面防水锁储保技术包含两大技术原理。

（1）降压助排技术　依据 Laplas 定理，"氟碳表面活性剂＋多元醇"段塞组合降低气相和液相的界面张力，改变岩石润湿性，降低克服水锁效应所需的启动压力。

（2）水敏抑制技术　第三代黏土稳定剂压缩双电层，抑制黏土膨胀，同时独特的分子疏水链可以有效包裹碎屑，避免进一步伤害。

5.6.2　体系构建及参数指标

5.6.2.1　核心处理剂筛选

（1）水敏防治剂

① 不同种类黏土稳定剂对比　随着油田的开发，黏土稳定剂的应用越

来越广泛，种类越来越多，根据不同的结构及所使用的化学药品不同，在这方面的研制大致可以分为如下三个阶段。

20 世纪 50 年代到 60 年代后期，主要用无机盐类来稳定黏土；常用的无机盐黏土稳定剂主要有氯化钠、氯化钾、氯化铵、氯化钙和氯化铝。它们主要是通过 Na^+、K^+、NH_4^+、Ca^{2+} 和 Al^{3+} 的离子交换作用，进入黏土表面的双电层中，压缩双电层，使黏土微粒之间以及黏土微粒和砂粒之间的排斥作用减小，抑制黏土矿物中蒙脱石水化膨胀和高岭石分散运移，从而减少这些黏土矿物产生的水敏效应。此类稳定剂货源广、价格低、使用维护简单，但它只能暂时稳定黏土颗粒，当油层环境变化时，该类稳定剂发生阳离子交换，使黏土恢复至原来的水敏状态，另外，这类黏土稳定剂不可能像聚合物那样产生多点吸附，因此对防止黏土运移效果不明显。

70 年代主要用无机多核聚合物和阳离子表面活性剂来稳定黏土；常用无机聚合物有羟基铝 $Al_6(OH)_{12}Cl_6$ 和氯氧化锆 $ZrOCl$。这些多核离子具有很高的正电荷，同带负电荷的黏土表面具有很强的静电引力，且由于平面形状的多核离子与黏土晶格相似，金属离子可嵌入晶层之间，加强了彼此的吸引力，而且每个多核离子可结合多个黏土晶片，因此它对稳定水敏性黏土的作用比简单阳离子要有效得多。它们的缺点是体系较复杂，同多种处理剂配伍性较差，而且价格昂贵。

80 年代以后，主要开展了用阳离子有机聚合物稳定黏土的研究和实验。有机阳离子聚合物主要为聚叔胺和聚季胺类化合物，因胺基所处位置不同而有不同的结构。有机阳离子聚合物主要靠静电作用迅速与黏土矿物表面上低价离子进行不可逆交换吸附，通过胺基在其表面上的多点吸附，有效地抑制黏土矿物水化膨胀和分散运移。由于聚合物与表面活性剂分子两亲结构的差异，它在黏土矿物表面上的吸附不但比表面活性剂强，而且不会造成油层润湿反转。

② 黏土稳定剂筛选　此次研究对收集到的 7 个厂家的 19 种黏土稳定剂进行了评价，以考察其黏土稳定效果，特别是季铵盐型阳离子聚合物和其他聚合物类。评价方法依据 SY/T 5971—2016。

按照厂家设定的浓度加量，19 种黏土稳定剂的防膨率在 70％以上的防膨剂有 16 种。因此室内对这 16 种黏土稳定剂用油田岩心粉进一步作评价实验（表 5-42）。

表 5-42 黏土稳定剂评价结果

采用膨润土评价				采用储层岩心粉评价（WZ12-1-B33 储层岩心粉）			
序号	黏土稳定剂	加量/%	防膨率/%	序号	黏土稳定剂	加量/%	防膨率/%
1	AQ-504-1	2	79.3	1	AQ-504-1	2	40.6
2	AQ-504-2	2	77	2	AQ-504-2	2	18.5
3	AQ-504-3	2	77	3	AQ-504-3	2	29.4
4	AQ-504-4	2	74.8	4	AQ-504-4	2	64.3
5	AQ-504-5	2	45.5	5	ZCYC-05	5	36.8
6	AQ-504-6	2	29.7	6	ZCYC-05A	5	48.6
7	AQ-504-7	2	45.5	7	ZCYC-02B	5	19.9
8	ZCYC-05	5	73	8	HAS-A	2	32.3
9	ZCYC-05A	5	83.8	9	HAS-B	2	47.9
10	ZCYC-02B	10	88.3	10	HCS-E	5	27.6
11	HAS-A	2	77	11	HCS	2	72.8
12	HAS-B	2	86	12	HW	5	81.6
13	HCS-E	5	77	13	BC-61	5	73.9
14	HCS	2	85.8	14	JC-931	2	34.8
15	HW	5	90.5	15	PR-CS-851	10	68.3
16	BC-61	5	88.3	16	HTW	2	86.6
17	JC-931	2	81.4				
18	PR-CS-851	10	85.1				
19	HTW	2	89.2				

在用膨润土评价黏土稳定剂性能的基础上，选出 16 种防膨率相对较高的稳定剂，用 WZ12-1-B33 井储层碎岩心制成岩心粉进行进一步的评价。室内所评价的 16 种黏土稳定剂中，有 AQ-504-4、HCS、HW、BC-61、PR-CS-851 和 HTW 六种黏土稳定剂对 WZ12-1-B33 储层岩心粉防膨均大于 60%，防膨效果相对较好，其中 2%HTW 的效果最好。

③ 黏土稳定剂 HTW 加量优化 参照上述方法，用 WZ12-1-B33 井储层碎岩心制成岩心粉进行进一步确认 HTW 黏土稳定剂最优加量，结果见图 5-39。

随着黏土稳定剂 HTW 加量的增加，对储层岩心的防膨率也不断增大；当黏土稳定剂 HTW 加量为 2.0% 时，对储层岩心的防膨率达到 85% 以上，

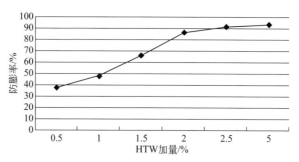

图 5-39   HTW 加量对防膨率的影响

能满足现场防膨要求，而且随着加量的增加，防膨率增大趋势变缓，因此，推荐目标储层水侵伤害预防修井液与治理解堵液体系配方中黏土稳定剂 HTW 加量为 2.0～2.5％。

④ 黏土稳定剂 HTW 解水敏效果评价   室内将做过水敏评价的 1♯ 岩心，其水敏损害伤害率为 65.19％，在水敏评价同等实验条件下，即 90℃下用水敏解除液（油田注入水＋2％黏土稳定剂 HTW）在泵流速 0.10mL/min 下，正向驱替 2 倍岩样孔隙体积，停止驱替，保持围压和温度不变，使水敏解除液与岩石反应 5h 以上；90℃下用模拟地层水在泵流速 0.10mL/min 下，正向驱替，测定岩样液体渗透率，结果见表 5-43。

解水敏液对水敏膨胀的黏土起到了很好的缩膨作用，对已发生了伤害的岩心具有明显改善作用。因为黏土稳定剂 HTW 与黏土矿物（蒙脱石、伊利石）发生反应，使水分子释放出来，晶格缩小。

表 5-43   黏土稳定剂 HTW 解水敏评价结果

岩心	井深/m	长度/cm	直径/cm	气测渗透率/mD	孔隙度/%	孔隙体积/mL
1♯	3263.66	4.34	2.46	85.17	14	2.88

模拟工艺	流动介质	矿化度/(mg/L)	K/mD	伤害率/%	水敏程度
水敏伤害	模拟地层水	11929	2.068	0	
	1/2 模拟地层水	5964.5	1.528	26.11	中等偏强弱
	蒸馏水	0	0.72	65.18	中等偏强
水敏解除	油田注入水＋2％黏土稳定剂 HTW	34181	2.238	−0.08	完全解除

（2）水锁防治剂

① 表面活性剂筛选   水锁伤害是由于外来的水相流体渗入油气层孔道

后，形成一个凹向油相的弯液面，任何弯液面都存在毛细管阻力，其大小与两相表/界面张力成正比。因此可以借助降低两相表/界面张力减小毛细管压力来消除水锁伤害。

收集了国内多个厂家多种型号的 20 种表面活性剂，对表面活性剂溶液（海水＋2.0％样品）的浊度、外观、气-液表面张力以及与目标储层原油的油-液界面张力进行了测定，结果见表 5-44。

从 20 种表面活性剂的对比评价结果来看，能同时满足修井液浊度小、起泡少、气-液表面张力小和油-液界面张力低的表面活性剂为氟碳类非离子表面活性剂 HAR。因此，确定了表面活性剂 HAR 为水侵伤害预防修井液与治理解堵液体系的防水锁剂，防水锁剂 HAR 可明显降低气-液/油-液界面张力，起到预防和解除水锁损害的作用。

② 防水锁剂 HAR 加量优化　室内利用 JZ-200 系列界面张力仪进行了防水锁剂 HAR 不同浓度下表/界面张力，结果见图 5-40。防水锁剂 HAR 表面活性剂由于具有两亲结构，很容易吸附在油水界面上而明显降低油水界面张力；而且随着防水锁剂 HAR 加量的增加，气-液表面张力/油-液界面张力急剧降低，当加量大于 1.5％时气-液表面张力降到 20mN/m 以下，油-液界面张力小于 0.4mN/m。防水锁剂进入储层后，与岩石接触存在吸附消耗，资料显示，防止油井水锁伤害，使用浓度一般为 3％～4％。因此，推荐目标储层水侵伤害预防修井液与治理解堵液体系配方中防水锁剂 HAR 加量为 3％～4％。

表 5-44　表面活性剂对表/界面张力的影响

序号	表面活性剂	浊度/NTU	起泡率/%（10min）	气-液表面张力/(mN/m)	油-液界面张力/(mN/m)	类型
1	SAA	0.2	280	31.1	1.22	脂肪醇氧乙烯醚
2	JFC	10.2	150	26.8	1.41	
3	A-20	0.2	215	41.7	7.23	
4	WL	0.8	80	29.4	1.19	有机硅类
5	WN	0.9	100	30	1.49	
6	HLG	0.8	50	28.4	1.2	氟碳类
7	TC	0.9	80	31.6	1.24	
8	HY-1	0.2	25	28.6	0.36	
9	HY-2	0.9	25	30.3	0.38	
10	HAR	0.1	5	18.8	0.32	

续表

序号	表面活性剂	浊度/NTU	起泡率/%(10min)	气-液表面张力/(mN/m)	油-液界面张力/(mN/m)	类型
11	YRPS-1	128.6	—	—	1.3	石油磺酸盐类
12	YRPS-2	158.8	—	—	0.63	
13	YRPS-3	126.8	—	—	1.01	
14	ABS	10.2	315	38.8	5.23	烷基苯磺酸盐
15	OP-10	0.2	275	40.4	4.98	脂肪醇氧乙烯醚
16	AES	0.2	425	37.8	6.25	烷基硫酸盐类
17	TWEEN20	0.2	150	36.9	9.21	聚氧乙烯酯
18	1227	0.2	280	39.5	15.21	烷基铵
19	JLX-C	0.5	1	41.3	10.92	聚合醇
20	HAR-D	38.6	0.5	32.5	7.81	硅氧类

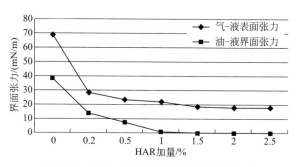

图 5-40　HAR 加量对表/界面张力的影响

③ 防水锁剂 HAR 解水锁效果评价　将上述进行水锁伤害评价的 10♯
人造岩心再进行解水锁效果评价。同等条件下，反向挤入 2PV 解水锁液，
静置 3h；正向测定煤油的渗透率 K_2，并记录驱替过程中的最高压力和稳定
压力；计算水锁解除率结果见表 5-45。

由实验结果可知，防水锁剂 HAR 解水锁效果明显，水锁解除率达 62.21%。

表 5-45　防水锁剂 HAR 解水锁评价结果

岩心号	10♯
岩心类型	人造岩心
气测渗透率/mD	26.9
初始油相渗透率(K_0)/mD	12.68

续表

污染后油相渗透率(K_1)/mD	7.07
解水锁液	油田注水＋2%防水锁剂 HAR
反向挤入解水锁液体积/mL	24
解水锁后油相(K_2)/mD	10.56
水锁解除率/%	62.21

（3）降压助排剂

① 有机醇筛选　润湿性是指当存在一种混相的流体时，另一种流体在固体表面扩展或黏附的趋势，它是在油藏条件下油和水与储层岩石间的相互作用，决定着油藏流体在岩石孔道内的微观分布和原始分布状态。图5-41为涠洲 12-1 油田平均相渗曲线，由此可知油水两相渗透率交叉点含水饱和度为 57%，大于 50%，储层岩石为亲水性。而对于油井，岩石亲水转亲油，储层损率高达 40%。从调研资料来看，研究者曾用工业甲醇、乙醇、乙二醇等有机醇改变储层润湿性、解除水锁伤害。

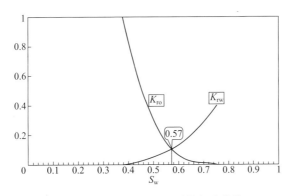

图 5-41　涠洲 12-1 油田平均相渗曲线

衡量一液体在某一固体表面的润湿性的好坏程度可通过接触角评定，它是液-气界面与固体表面之间（包括液体相部分）的夹角，接触角与润湿性有关（表 5-46）。

表 5-46　接触角与润湿性的对应关系

接触角范围	润湿状态	润湿性
$\theta=0°$	完全润湿	水润湿
$0°<\theta<90°$	部分润湿	水润湿

接触角范围	润湿状态	润湿性
$\theta = 90°$	混合润湿	中性润湿
$\theta > 90°$	不润湿	油润湿

本次采用 HARKE-SPCA 视频接触角测定仪测定接触角,开展了目标储层降压助排液的研究。

有机醇性能评价结果见表 5-47。有机醇存储、运输和使用安全性依次为:乙二醇＞HWDA＞乙醇＞甲醇;润湿性依次为:HWDA＞甲醇＞乙醇＞乙二醇;防水锁性依次为:HWDA＞乙醇＞甲醇＞乙二醇。综合考虑安全性、润湿性和防水锁性,推荐 HWDA 作为目标储层的降压助排剂。

表 5-47　有机醇性能评价结果

有机醇	加量/%	安全性		润湿性		防水锁性
		闪点/℃	安全等级	接触角/°	润湿程度	气-液表面张力/(mN/m)
工业甲醇	10			13.692	★★☆☆☆	42.6
	30			10.0231	★★★☆☆	38.1
	50			6.5233	★★★★☆	34.4
	100	11	☆☆☆☆☆	0	★★★★★	21.9
工业乙醇	10			19.142	★☆☆☆☆	37.8
	30			16.048	★★☆☆☆	35.6
	50			13.939	★★☆☆☆	33.6
	100	14	☆☆☆☆☆	0	★★★★★	21.3
乙二醇	10		★★★★★	20.379	★☆☆☆☆	65.2
	30			17.757	★★☆☆☆	60.6
	50			13.667	★★☆☆☆	55.7
	100	116		8.805	★★★☆☆	47
HWDA	10			6.373	★★★★☆	28.7
	30			0	★★★★★	26
	50			0	★★★★★	23.7
	100	74	★★★★☆	0	★★★★★	22.9

② 降压助排剂 HWDA 加量优化　通过改变降压助排剂 HWDA 加量,

观察润湿角变化，结果见表 5-48。

降压助排剂能明显改善涠洲 12-1 油田 A10 井注入水润湿性，且随着降压助排剂加量的增加，其接触角可减小到 0°，可使储层表面由亲水发展到强亲水润湿性，减小油流阻力，有利于修井、解堵作业复产时在储层原油在孔吼中心迅速形成油流通道，提高产能。

表 5-48 降压助排剂和防水锁剂对修井液润湿性的影响

工作液	接触角/°	润湿程度
A10 井油田注入水	25.303	★☆☆☆☆
A10 井油田注入水＋2％防水锁剂 HAR	9.197	★★★☆☆
A10 井油田注入水＋5％HWDA 降压助排剂	11.746	★★★☆☆
A10 井油田注入水＋10％HWDA 降压助排剂	6.18	★★★★☆
A10 井油田注入水＋20％HWDA 降压助排剂	0	★★★★★

③ 压助排剂 HWDA 解水锁效果评价 将上述进行水锁伤害评价的 10♯人造岩心用防水锁剂 HAR 解水锁后，再用降压助排液进一步解水锁。同等条件下，再次反向挤入 2PV 降压助排液，静置 3h；正向测定煤油的渗透率 K_3，并记录驱替过程中的最高压力和稳定压力；计算累计水锁解除率，结果见表 5-49，图 5-42。

降压助排液不仅进一步解除水锁，累计解水锁率达到 95％，而且明显降低了返排压力，具有明显降压助排的效果。

表 5-49 降压助排解水锁评价结果

岩心号	10♯
岩心类型	人造岩心
气测渗透率/mD	26.9
测 K_0 时平衡压力/MPa	0.0541
初始油相渗透率(K_0)/mD	12.68
污染后油相渗透率(K_1)/mD	7.07
解水锁液	油田注水＋2％防水锁剂 HAR
测 K_2 时平衡压力/MPa	0.065
防水锁剂解水锁后油相(K_2)/mD	10.56
水锁解除率 1/％	62.21

续表

降压助排液	油田注水＋20％降压助排剂 HWDA
反向挤入解水锁液 2/mL	24
测 K_3 时平衡压力/MPa	0.0553
降压助排液解水锁后油相(K_3)/mD	12.4
水锁解除率 2/％	86.79
累计水锁解除率/％	95
最终渗透率恢复值/％	97.79

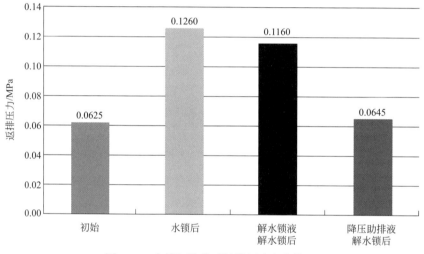

图 5-42　水锁解除前后返排压力变化情况

5.6.2.2　体系优化及性能评价

（1）配方确定　通过前面的水敏防治剂、水锁防治剂、降压助排剂等储层保护药剂的优选，确定涠洲 12-1 油田中块 3 井区涠四段目标储层水侵伤害预防修井液基本配方如下。

低伤害防水锁修井液：油田注入水＋20％降压助排剂 HWDA＋3％～4％防水锁剂 HAR＋2％～2.5％黏土稳定剂 HTW。

（2）与地层水配伍性　入井流体与地层水良好的配伍性是现场应用的基础，因而，测定了低伤害防水锁修井液与地层水的配伍性，结果见表5-50。

表 5-50　低伤害防水锁修井液与地层水配伍性实验结果

降压助排防水锁液/地层水(体积比)	浊度值/NTU		实验现象
	加热前	110℃加热 12h 后	
1:9	0.3	0.2	清澈透明
5:5	0.2	0.3	清澈透明
9:1	0.1	0.2	清澈透明
压井液/地层水(体积比)	浊度值/NTU		实验现象
	加热前	110℃加热 12h 后	
1:9	0.3	1	清澈透明
5:5	0.4	0.8	清澈透明
9:1	0.5	0.6	清澈透明

　　低伤害防水锁修井液与地层水以不同比例混合后混合液清澈透明，浊度值较低，无浑浊现象发生，两者具有较好的配伍性。

　　（3）与原油配伍性　入井流体与原油良好的配伍性能够避免因乳化增黏引起的油流通道堵塞，考察了低伤害防水锁修井液与原油配伍性，结果见图 5-43。

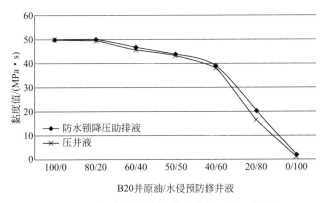

图 5-43　低伤害防水锁修井液与原油配伍性

　　低伤害防水锁修井液与原油以不同比例混合后，没有发生乳化增黏现象，两者具有较好的配伍性。

　　（4）防膨性　水敏是造成涠四段修井后产量下降的主要因素之一，良好的防膨性能够避免黏土水化膨胀、脱落堵塞地层。用离心法对比评价低伤害防水锁修井液对涠洲 12-1 油田中块 3 井区涠四段目标储层岩心的防膨性，具体评价方法参照 SY/T5971—2016，结果见表5-51。

表5-51　低伤害防水锁修井液防膨性评价结果 ----------------

修井液	防膨率/%
油田注入水	60.2
降压助排防水锁液	98.5
压井液	92.6

低伤害防水锁修井液对涠洲12-1油田中块3井区涠四段目标储层岩心均具有较好的防水敏性，防膨率分别为98.5%，明显优于油田注入水。

（5）防水锁性　水锁是造成涠四段修井产量下降的另一主要原因，较低的表面张力有利用于降低水锁造成的毛细管阻力，利于后续返排。利用TX550A全量程界面张力测定仪测定低伤害防水锁修井液的气-液表面张力和油-液界面张力，结果见表5-52。

表5-52　低伤害防水锁修井液体系防水敏性评价结果 ----------------

修井液	气-液表面张力/(mN/m)	油-液界面张力/(mN/m)
油田注入水	64.81	25.54
降压助排防水锁液	17.8	0.09
压井液	20.8	0.68

低伤害防水锁修井液气-液表面张力和油-液界面张力均明显低于油田注入水，防水锁剂的添加使得水侵伤害预防修井液具有较好的气-液和油-液界面特性，有利于预防水锁伤害。

（6）润湿性　储层润湿性决定了毛细管力的作用方向，水润湿为动力，油润湿为阻力。利用 HARKE-SPCA 视频接触角测定仪测定低伤害防水锁修井液接触角。表5-53、图5-44为低伤害防水锁修井液测试结果，随着降压助排液的加入，低伤害防水锁修井液的润湿性较油田注入水及前期修井液大有改善，亲水性增强，有利于修井后油流通道的形成。

表5-53　低伤害防水锁修井液润湿性评价结果 ----------------

工作液	接触角/(°)	润湿程度
氯化钙碱性完井液	30.476	☆☆☆☆☆
油田注入水	25.303	★☆☆☆☆

续表

工作液	接触角/(°)	润湿程度
A10 井油田注入水＋2%PF-HCS	22.858	★☆☆☆☆
A10 井油田注入水＋2%PF-HCS＋1.5%CA101＋ 1.2%PF-HTA＋0.2%PF-HDM	14.005	★★★☆☆
降压助排防水锁液	0	★★★★★
压井液	9.277	★★★☆☆

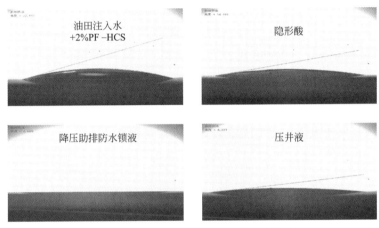

油田注入水
+2%PF-HCS

隐形酸

降压助排防水锁液

压井液

图 5-44　低伤害防水锁修井液润湿性评价结果

（7）润湿性　入井流体应用前需进行防腐测试，避免井下腐蚀造成危害。低伤害防水锁修井液在 130℃下 7d 对 N80 腐蚀速率进行了测定，结果见表 5-54。由测定结果可知腐蚀速率在 0.025mm/a 左右，均满足修完井液腐蚀小于等于 0.076mm/a 的要求。

表 5-54　低伤害防水锁修井液腐蚀性评价结果

工作液	腐蚀条件	平均腐蚀速率	试片腐蚀状态描述
降压助排防水锁液	130℃、5h	0.0268g/(m²·h)	均匀腐蚀，无点蚀
压井液	130℃、7d	0.0238mm/a	均匀腐蚀，无点蚀

（8）储层保护性　储层保护评价均用涠洲 12-1 油田中块 3 井区涠四段目标储层天然岩心进行实验。实验方法按石油天然气行业标准 SY/T6540—2002《钻井液完井液损害油层室内评价方法》执行，储层保护性测试结果见表 5-55。

表 5-55　低伤害防水锁修井液储层保护性评价结果

井号	WZ12-1-A7	WZ12-1-A7	WZ12-1-A7	WZ12-1-B33
岩心号	HH1#	4#	H5#	H12#
气测渗透率/mD	83.26	21.76	18.82	15.8
岩心长度/cm	3.82	3.87	4.61	5.52
岩心直径/cm	2.46	2.46	2.46	2.48
岩心孔隙度/%	14.1	14.4	13.6	12.3
岩心油相渗透率/mD	11.25	6.58	1.72	1.81
反向挤入 2PV 工作液	降压助排防水锁液		压井液	
岩心油相渗透率/mD	11.21	6.53	1.71	1.76
岩心渗透率恢复值/%	99.6	99.2	99	97.2

水侵伤害预防修井液体系（降压助排防水锁液和压井液）污染后岩心渗透率恢复值均大于 97%，具有较好的储层保护性能。

展望

南海西部油气田油气并举，储层条件复杂多样，经过近十年的攻关研究，虽然在化学解堵、储层保护、钡锶垢的防治方面取得一些成果，解决了开发生产中的一些问题。但是，随着国家和公司发展战略的推进，在老油气田的增产挖潜、深水油气田与高温高压油气田的开发等方面面临诸多新的挑战。

为了可持续发展，结合历史开发实践经验，必须积极采取措施提高老油田采收率；通过滚动开发、深化地质油藏及动态认识，结合优化注采、"三次采油"等提高采收率技术，使油田内部或周边的储量及产量潜力得到充分挖掘，油田群产量得到经济快速接替。

南海深水海域是总公司未来重要的产量增长点，也是湛江分公司未来的发展方向之一，以陵水 17-2 深水气田开发为契机，针对深水开发关键技术进行研究，为中海油自营深水开发打下坚实基础。

近年南海西部在莺歌海东方区域中深层天然气勘探取得了重大突破，相继发现了东方 13 区高温高压天然气藏——东方 13-1、东方 13-2 等大中型气田，这类气藏的发现给南海西部海域天然气开发带来了极大的机遇，为南海西部海域天然气的大联网开发奠定了坚实的基础，同时也对开发技术提出了新的挑战，如何高效、安全对高温高压气田进行开发是摆在科研人员面前亟待解决的全新命题。

"十三五"是海洋石油实现"二次跨越"的重要阶段，南海是"21世纪海上丝绸之路"的重要基地，是实现"一带一路"、"海洋强国"的重要地区。科研人员需紧密结合国家和总公司发展战略，进一步梳理制约油气开发领域核心瓶颈与配套技术问题，明确攻关研究内容和目标，实施"优势领域继续保持领先、赶超领域跨越式提升、储备领域占领技术制高点"发展策略，为"十三五"油气开发提供理论和技术支撑。

参考文献

［1］谢玉洪，苏崇华，等．疏松砂岩储层伤害机理及应用［M］．北京：石油工业出版社，2007.

［2］罗健生，鄢捷年，方达科，等．涠洲 12-1 油田中块低压储层保护研究［J］．钻井液与完井液，2006，23(4)：16-20.

［3］杨永利．低渗透油藏水锁伤害机理及解水锁实验研究［J］．西南石油大学学报，2013，35(3)：138-139.

［4］赵海建，刘平礼，范珂瑞，等．土酸酸化对注水井储层解堵效果的评价［J］．精细石油化工进展，2012，13(12)：17-19.

［5］刘海庆，姚传进，蒋宝云，等．低渗高凝油藏堵塞机理及解堵增产技术研究［J］．特种油气藏，2010，17(6)：104-106.

［6］冯春燕，孔瑛，蒋官澄，等．凝析油气藏气湿反转解水锁的实验研究［J］．钻井液与完井液，2011，28(5)：1-4.

［7］张朔，蒋官澄，郭海涛，等．表面活性剂降压增注机理及其在镇北油田的应用［J］．特种油气藏，2013，2(20)：111-115.

［8］魏茂伟，薛玉志，李公让，等．水锁解除技术研究进展［J］．钻井液与完井液，2009，26(6)：65-68.

［9］王彦玲，郑晶晶，赵修太，等．磺基甜菜碱氟碳表面活性剂的泡沫性能研究［J］．硅酸盐通报，2010，29(2)：314-315.

［10］贺承祖，华明琪．水锁效应研究［J］．钻井液与完井液，1996，13(6)：13-15.

［11］何汉平．川西地区新场气田储层伤害因素研究［J］．石油钻采工艺，2002，24(2)：49-51.

［12］游利军，康毅力，陈一健，等．含水饱和度和有效应力对致密砂岩有效渗透率的影响［J］．天然气工业，2004，24(12)：105-107.

［13］Erwin M D，Pierson C R，Bennion D B. Imbibition Damage in the Colville River Field，Alaska，S P E 84320，Presented at the SPE Annual Technical Conference andExhibition in Denver，Colorado，USA，2003.

［14］Bennion D B，Thomas F B，Ma T. Formation Damage Processes Reducing Productivity of Low Permeability Gas Reservoirs. SPE 60325.

［15］Bennion D B. Water and Hydrocarbon Phase Trapping in Porous Media，Diagnosis，Prevention and Treatment. CIM Paper 95-96，46th Petroleum Society ATM，Banff，Canada，May 14-17，1995.

［16］Parekh B，Sharma M M. Cleanup of Water Blocks in Depleted Low-PermeabilityReservoirs. SPE 89837 presented at the Annual Technical Conference and Exhibition，2004：26-29.

［17］游利军．致密砂岩气层水相圈闭损害机理及应用研究［D］．成都：西南石油学院，2004.

［18］李淑白，樊世忠，李茂成．水锁损害定量预测研究［J］．钻井液与完井液，2002，19（5）：8-10.

［19］张振华，鄢捷年．用灰关联分析法预测低渗砂岩储层的水锁损害［J］．石油钻探技术，2001，

29(6)：51-53.

[20] 张振华，鄢捷年．低渗透砂岩储集层水锁损害影响因素及预测方法研究［J］．石油勘探与开发，2000，27(3)：75-78.

[21] 张振华，鄢捷年，吴艳梅．低渗砂岩储层水锁损害的灰色神经网络预测模型［J］．钻采工艺，2001，24(1)：38-40.

[22] 陈恒，刘平礼，王德芬．南堡油田酸化解堵实验研究［J］．海洋石油，2009，29(1)．

[23] 蒋官澄，黄贤斌，贾欣鹏，等．新型酸化解堵剂与体系研究［J］．钻采工艺，2012，35(6)．

[24] 叶宏儒，彭森，吴保宪，等．TC复合酸化解堵技术的研究与应用［J］．钻井液与完井液，2002，17(3)．

[25] 黎成，王鹏军，张延东．安塞油田影响油井酸化解堵效果的因素分析［J］．钻井液与完井液，2011，8(10)．

[26] SY/T 6540—2002 钻井液完井液损害油层室内评价方法［S］．

[27] 李蔚萍，向兴金，岳前升，等．HCF-A油基泥浆泥饼解除液室内研究［J］．石油地质与工程，2007，21(5)：102-105.

[28] 马成化，车连发，阚振江．HYQ-965-Ⅲ解堵剂的研制及现场应用［J］．精细石油化工进展，2007，8(4)：8-10.

[29] 王小琳，武平仓，向中远．长庆低渗透油田注水水质稳定技术［J］．石油勘探与开发，2002，29(5)：77-79.

[30] 任战利，杨县超，薛军民，等．延长油区注入水水质对储层伤害因素分析［J］．西北大学学报：自然科学版，2010，40(4)：667-671.

[31] 李道品，低渗透油田注水开发主要矛盾和改善途径［M］．北京：石油工业出版社，1999.

[32] 李海涛，砂岩储层配伍性注水水质方案研究［J］．西南石油学院学报，1997，19(3)：35-42.

[33] 刘斌，杨琦，谈士海．苏北盆地台兴油田注水水质对储层的伤害和对策［J］．石油实验地质，2002，24(6)：568-572.

[34] 张晓萍，张永亮，高海光，等．油田注水开发对储层伤害研究［J］．内蒙古石油化工，2001，27(21)：21-22.

[35] 张光明，汤子余，姚红星，等．注入水水质对储层的伤害［J］．石油钻采工艺，2004，26(3)：46-48.

[36] 吴少波，阎庆来，何秋轩．安塞油田长6储层伤害的地质因素分析［J］．西北地质，1998，19(2)：35-40.

[37] 冯新，张书平，刘万琴．安塞油田坪桥北区储层伤害评价研究［J］．江汉石油职工大学学报，2000，13(3)：53-56.

[38] 陆柱．油田水处理技术［M］．北京：石油工业出版社，1992.

[39] Q/HS 2042—2008 海上碎屑岩油藏注水水质指标及分析方法．

[40] 张绍槐，罗平亚．保护储集层技术．北京：石油工业出版社，1996：342-345.

[41] 刘凤珍．不同类型油层的增注适应性．油气田地面工程，2007，26(6)：23.

[42] SY/T 6571—2012 酸化用铁离子稳定剂性能评定方法［S］．

[43] SY/T 6571—2003 盐酸酸化缓蚀剂性能评价方法及评价指标［S］．

［44］张绍槐，罗平亚，等．保护储集层技术［M］．北京：石油工业出版社，1993.

［45］戴彩丽，等．油气层伤害的机理及处理［J］．钻采工艺，1998，21(3)．

［46］张琪，等．采油工程原理与设计［M］．北京：石油大学出版社，2(X) 2.3.

［47］舒玉华．新型砂岩酸化液体系［J］，1995，12(4)：53-55.

［48］岳前升，等．东方 1-1 气田水平井钻井液技术．天然气工业，2005，25(12)：61-64.

［49］岳前升，等．海洋油田水平井胶囊破胶液技术．大庆石油学院学报，2010，34(4)：85-88.

［50］李蔚萍，等．无固相弱凝胶钻井完井液生物酶破胶技术．钻井液与完井液，2008，25(6)：
8-11.

［51］王昌军，等．PRD 弱凝胶钻开液性能评价与试用效果．石油天然气学报，2008，36(4)：
143-145.

［52］许辉，等．PRD 弱凝胶钻井液性能评价．石油化工应用，2012，31(9)：30-32.

［53］关德，杨寨，张勇等．渤海两油田油井堵塞原因分析家化学解堵试验．西南石油学院学报，
2002，24(2)：35-37；40.

［54］万仁溥，等．采油工程手册［M］．北京：石油工业出版社，2003.

［55］苏德胜，王亿川，顾文萍，等．油井射流热洗防油层污染洗井器的研制与应用［J］．石油机
械，2006，34(3)：46-48.

［56］向光明，韩中普，赵华，等．洗井保护器在机采井上的应用效果［J］．石油矿场机械，2009，
38(2)：83-85.

［57］薛清祥，尤秋彦，董强，等．低压油井热洗清蜡油层保护器［J］．石油钻采工艺，2005，27
（增刊）：72-73.

［58］张华光，马强，张丽．井下多功能热洗阀在黄沙坨油田的应用［J］．石油地质与工程，2009，
23(4)：92-94.

［59］姚玉英，等．化工原理［M］．天津：天津大学出版社，2004.

［60］赵金洲，任书权．井筒内液体温度分布规律的数值计算［J］．石油钻采工艺，1986(3)：
49-57.

［61］王杰祥，张红，樊泽霞，等．电潜泵井井筒温度分布模型的建立及应用［J］．石油大学学报：
自然科学版，2003，27(5)：54-59.

［62］埃克诺米德斯·诺尔特．油藏增产措施（第三版）［M］．北京：石油工业出版社，2002.

［63］贾长贵，田长清，刘应红．深穿透缓速酸 PRH-1 的研究与应用［J］．油气田地面工程，
2004，23(8)：14-15.

［64］陈平，杨柳，雷霄，等．复合解堵技术在涠洲 S 高凝油藏中的应用［J］．西部探矿工程，
2014(11)：18-20.

［65］梁玉凯，陈霄，张瑞金，等．含 H_2S 生产污水回注井解堵增注剂研究与应用［J］．海油石油，
2015，35(11)：42-45.

［66］赵海建，刘平礼，范珂瑞，等．土酸酸化对注水井储层解堵效果的评价［J］．精细石油化工
进展，2012，13(12)：17-19.

［67］刘平礼，孙庚，李年银，等．新型高温砂岩酸化体系缓速特性研究［J］．钻井液与完井液，
2013，30(3)：76-78.

[68] 赖燕玲，向兴金，王昌军，等．隐形酸完井液的性能研究 [J]．钻井液与完井液．2010，27（2）：60-61.

[69] 刘祥，宋杨柳，陈叮啉．羟胺基聚醚胺防膨剂的研制 [J]．西安石油大学学报：自然科学版，2012，27(2)：73-75.

[70] 马英杰．低聚酰胺-胺的合成及其抑制黏土膨胀性能研究 [D]．西安：西安石油大学，2012.

[71] 宫本敬．黏土稳定剂合成及应用 [D]．黑龙江：大庆石油学院油气井测试，2009.

[72] 杨文明，王明，等．定向气井连续携液临界产量预测模型 [J]．天然气工艺，2009，29(5)：82-84.

[73] 魏纳，孟英峰，等．井筒连续携液规律研究 [J]．钻采工艺，2008，31(6)：88-89.

[74] 蒋泽银，刘友权，等．川中须家河气藏泡排技术研究与应用．石油与天然气化工 [J]．2010，39(5)：422-426.

[75] 王优强，黄丙习，等．连续油管腐蚀可靠性研究初探．石油矿场机械 [J]．2002，31(6)：8-10.

[76] 李跃林，梁玉凯、郑华安，等．水侵伤害储层复合解堵工艺．特种油气藏 [J]．2016，23(5)：138-140.

[77] 赵景原，焦春雪，付贺，等．海坨地区裂缝性储层保护技术 [J]．特种油气藏，2013，20(2)：118-120.

[78] 罗向东，罗平亚．屏蔽式暂堵技术及储层保护中的应用研究 [J]．钻井液与完井液，1992，9(2)：19-27.

[79] SY/T 6540—2002 钻井液完井液损害油层室内评价方法 [S]．

[80] 谢克姜，胡文军，方满宗，等．PRD储层钻井液技术研究与应用 [J]．石油钻采工艺，2007，29(6)：99-101.

[81] 赵峰，唐洪明，张俊斌，等 LF13-1 油田 PRD 钻完井液体系储层保护效果优化研究 [J] 特种油气藏，2010，17(6)：88-91.

[82] 王松．无固相凝胶堵剂 NSG-2 的合成与性能评价 [J]．特种油气藏，2004，11(3)：76-78.

[83] 张金波，鄢捷年．钻井液暂堵剂颗粒粒径分布的最优化选择 [J]．油田化学，2005，30(1)：1-5.

[84] 黄红玺，许明标，王昌军，等．弱凝胶无固相聚胺钻井液性能室内研究 [J]．油田化学，2009，26(1)：5-7.

[85] 马美娜，许明标，唐海雄，等．有效降解 PRD 钻井液的低温破胶剂 JPC 室内研究 [J]．油田化学，2005，22(4)：289-291.

[86] 杨志冬，蔡圣权，秦爽，等．低渗强水敏油藏整体防膨注水开采技术研究与应用 [J]．特种油气藏，2004，11(4)：86-88；91.

[87] 程学峰，陈华兴，唐洪明，等．渤海 L 油田 Ed 储层修井过程伤害机理及对策 [J]．特种油气藏，2013，20(2)：134-137.

[88] 张绍槐，罗平亚．保护储集层技术 [J]．北京：石油工业出版社，1993.

[89] 李蔚萍，张海，向兴金，等．针对 SZ36-1 油田的堵漏返排型修井液体系研究 [J]．钻井液与完井液，2007，2(46)：32-35.

[90] 吕清河，何云章，刘利，等．油井暂堵剂 SJ-2 室内实验及现场应用［J］．石油钻采工艺，2009，3(13)：49-51.

[91] 李玉娇，吕开河．自适应广谱屏蔽暂堵剂 ZPJ 研究［J］．钻采工艺，2007，3(03)：111-112，114. 涂云，牛亚斌，刘璞等．

[92] 方培林，白健华，王冬，等．BHXJY-01 修井暂堵液体系的研究与应用［J］．石油钻采工艺，2012，34(增)：101-103.

[93] 卢虎，吴晓花，刁可庚，等．广谱暂堵技术在轮古地区的应用［J］．钻采工艺，2003，2(65)：91-94.

[94] 徐同台，赵敏，熊友明，等，保护油气层技术［M］．北京：石油工业出版社，2003.

[95] 韩振平，PKM 型钻井完井液的研制与应用［J］．石油钻探技术，2000，28(4)：22-23.

[96] Faruk Civan. Reservoir Formation Damage-Fundamentals，Modeling，Assessment，and Mitigation ［M］. Gulf Publishing Company，Houston，Texas，2003.

[97] 谢克姜，胡文军．PRD 储层钻井液技术研究与应用［J］．石油钻采工艺，2007，29(6)：99-101.

[98] 张绍彬，等．低压气井低伤害修井液的应用研究．天然气工业，2002；22(3)：25-28.

[99] 党庆功，孙志成，李萌，等．低密度低滤失气井压井液的体系研制［J］．科学技术与工程，2011，11(15)：3543-3556.

[100] 李蔚萍，向兴金，吴彬．东海平湖油气田水凝胶修井液体系的开发与应用［J］．中国海上油气，2009，21(2)：120-123.

[101] 童传新，王振峰，李绪深．莺歌海盆地东方 1-1 气田成藏条件及启示［J］．天然气工业，2012，32(8)：11-15.

[102] 徐同台，赵敏，熊友明．保护油气层技术［M］．北京：石油工业出版社，2003：49-67.

[103] 王亮，吕易珊，张红香，等．海拉尔油田储层损害机理研究［J］．科学技术与工程，2012，12(8)：1889-1891，1898.

[104] 党庆功，孙志成，李萌，等．低密度低滤失气井压井液的体系研制［J］．科学技术与工程，2011，11(15)：3543-3556.

[105] 苗娟．可控膨胀堵漏剂的研制与性能研究［D］．成都：西南石油大学，2010.

[106] 马伏贵，孙瑞锋，金佩强．用于套管渗漏处理和堵水的新一代硅胶体系［J］．国外油田工程，2009，25(5)：11-16.

[107] 唐代绪，刘振东，侯业贵，等．可控膨胀堵漏剂的研制［J］．钻井液与完井液，2008，25(5)：20-22.

[108] 李海波，张舰．油田防垢技术及其应用进展［J］．化学工业与工程技术，2012，33(4)：40-43.

[109] 刘剑钊．结垢机理及阻垢性能测试研究［D］．东北石油大学，2011.

[110] 左景栾，任韶然，樊泽霞，等．油井防垢：防垢剂挤注技术［J］．油田化学，2008，25(2)：193-198.

[111] 李雪娇．硫酸钡结垢影响因素及化学阻垢影响因素研究［D］．西南石油大学，2015.

[112] 荆国林，李树林，唐珊．肇州油田油井结垢及其机理研究［J］．科学技术与工程，2010，10

(20)：4918-4920.

[113] 左景栾，樊泽霞，任韶然，等．纯梁油田樊 41 块油井挤注防垢技术 ［J］．石油学报，2008，
　　　29(7)：615-618.

[114] 李伟超，吴晓东，刘平，等．油田用阻垢剂评价研究 ［J］．钻采工艺，2007，30(1)：
　　　120-123.

[115] 张明霞，等．长庆白豹油田注水井结垢的防治．油田化学，2008，25(2)：142-143.

[116] 王守虎，等．长庆超低渗透油藏华庆油田硫酸钡锶垢的防治．石油天然气学报，2011，33
　　　(5)：269-270.

[117] 付美龙，等．DTPA 溶解硫酸钡锶垢的实验研究．钻采工艺，1999，22(1)：53-55.

[118] 陈武，等．涠 12-1 油田钡锶垢防治技术研究．油田化学，2006，23(4)：318-320.

[119] 郑华安，等．涠洲 12-1 油田钡锶垢除垢剂研制与评价．应用化工，2012，41(12)：
　　　2213-2215.

[120] 戴彩丽，刘双琦，张志武，等．涠洲 12-1 油田中块油井结垢防治 ［J］．中国海上油气，
　　　2006，18(4)：264-266.

[121] 戴彩丽，赵福麟，冯德成，等．涠洲 12-1 海上油田硫酸钡锶垢防垢剂研究 ［J］．油田化学，
　　　2005，22(2)：122-125.

[122] 李景全，赵群，刘华军．河南油田江河区油井防垢技术 ［J］．石油钻采工艺，2002，24(2)：
　　　57-60.

[123] 左景栾，等．纯梁油田樊 41 块油井挤注防垢技术 ［J］．石油学报，2008，29(4)：615-618.

[124] 闫方平．江苏油田韦 2 断块油井挤注防垢技术研究与应用 ［J］．钻采工艺，2009，32(4)：
　　　80-82.

[125] 王守虎，张明霞，陆小兵，等．长庆超低渗透油藏华庆油田硫酸钡锶垢的防治 ［J］．石油天
　　　然气学报，2011，33(05)：269-270.

[126] 李亚锋．华池油田结垢原因及防垢研究 ［J］．内蒙古石油化工，2012，(03)：19-20.

[127] 于恒彬，周国宝，韩鑫，等．姬塬油田硫酸钡锶垢的结垢成因分析 ［J］．辽宁化工，2013，
　　　42(01)：86-88.

[128] 靳宝军，谢绍敏．梁家楼油田硫酸钡锶垢成因分析 ［J］．油田化学，2007，24(4)：333-336.

[129] 戴彩丽，刘双琦，张志武，等．涠洲 12-1 油田中块油井结垢防治 ［J］．中国海上油气，
　　　2006，18(4)：264-266.

[130] Boyle M J, Mitchell R W. Scale inhibition problems associated with North Sea oil production
　　　［J］. Offshore Europe，1979. SPE 8164.

[131] Bezerra, Maria C, Khalil C, Rosario F. Barium and Strontium Sulfate Scale Formation Due to
　　　Incompatible Water in the Namorado Fields Campos Basin, Brazil ［C］//SPE Latin America
　　　Petroleum Engineering Conference，1990. SPE 21109.

[132] Li Y H, Crane S, Coleman J. A Novel Approach to Predict the Co-Precipitation of $BaSO_4$ and
　　　$SrSO_4$ ［C］//SPE Production Operations Symposium，1995. SPE 29489.

[133] Rocha A A, Frydman M, Fontoura S A B, et al. Numerical modeling of salt precipitation
　　　during produced water reinjection ［C］//International Symposium on Oilfield Scale，

2001. SPE 68336.

[134] Mojdeh D，Pope G. Effect of Dispersion on Transport and Precipitation of Barium and Sulfate in Oil Reservoirs［C］//International Symposium on Oilfield Chemistry，2003. SPE 80253.

[135] Mackay E J. Oilfield Scale：A New Integrated Approach to Tackle an Old Foe［J］. Presented as an SPE Distinguished Lecture during the，2007，2008. SPE 80252.

[136] Mackay E J. Modelling of in-situ scale deposition：the impact of reservoir and well geometries and kinetic reaction rates，paper SPE 74683［C］//SPE 4th International Symposium on Oil eld Scale，Aberdeen，Scotland，2002：30-31.

[137] Bedrikovetsky P G，Jr R P，Gladstone P M，et al. Barium sulphate oilfield scaling：mathematical and laboratory modelling［C］//SPE International Symposium on Oilfield Scale，2004.

[138] Woods A W，Harker G. Barium sulphate precipitation in porous rock through dispersive mixing ［C］//International Symposium on Oilfield Scale，2003. SPE 80401.

[139] Araque-Martinez A，Lake L. A simplified approach to geochemical modeling and its effect on well impairment［C］//SPE Annual Technical Conference and Exhibition，1999. SPE 56678.

[140] Wat R M S，Sorbie K S，Todd A C，et al. Kinetics of $BaSO_4$ crystal growth and effect in formation damage［C］//SPE Formation Damage Control Symposium，1992. SPE 23814.

[141] Aliaga D A，Wu G，Sharma M，et al. Barium and calcium sulfate precipitation and migration inside sandpacks［J］. SPE formation evaluation，1992，7(1)：79-86.

[142] Todd A C，Yuan M D. Barium and strontium sulfate solid-solution scale formation at elevated temperatures［J］. SPE production engineering，1992，7(1)：85-92.

[143] Mackay E J，Sorbie K S. Brine Mixing in Waterflooded Reservoirs and the Implications for Scale Prevention［C］//International Symposium on Oilfield Scale，2000.

[144] Niklaevskii V N. Mechanics of Porous and Fractured Media，World Scientific Publishing Co.，Singapure (1990).

[145] Lopes Jr R P. Barium sulphate kinetics of precipitation in porous media：mathematical and laboratory modelling［J］. Portuguese，MSc Thesis，North Fluminense State University-Lenep/UENF，Macaé，RJ，Brazil，2002.

[146] Bedrikovetsky P G，Jr R P，Rosario F F，et al. Oilfield Scaling-Part I：Mathematical and Laboratory Modelling［C］//SPE Latin American and Caribbean Petroleum Engineering Conference，2003.

[147] Mackay E J，Jordan M M，Torabi F. Predicting Brine Mixing Deep Within the Reservoir，and the Impact on Scale Control in Marginal and Deepwater Developments" paper SPE 85104［J］. SPE Prod. & Facilities，2003，18 (3)：210-220.